高职高专
名校名师精品"十三五"规划教材

U0191495

Windows Server 2012 Networking Technology

Windows Server 2012

组网技术项目教程

第4版｜微课版

杨云 黄勇达 张蕾 徐丽萍 ◎编著

人民邮电出版社

北京

图书在版编目（CIP）数据

Windows Server 2012组网技术项目教程：微课版 / 杨云等编著. -- 4版. -- 北京：人民邮电出版社，2019.11（2021.6重印）

高职高专名校名师精品"十三五"规划教材

ISBN 978-7-115-52670-0

Ⅰ．①W… Ⅱ．①杨… Ⅲ．①Windows操作系统—网络服务器—高等职业教育—教材 Ⅳ．①TP316.86

中国版本图书馆CIP数据核字(2019)第258867号

内 容 提 要

本书采用"任务驱动、项目导向"的方式，着眼于实践应用，以企业真实案例为基础，全面系统地介绍 Windows Server 2012 在企业中的应用。

本书包含 12 个项目：规划与安装 Windows Server 2012 R2、部署与管理 Active Directory 域服务、管理用户账户和组、配置与管理分布式文件系统、配置与管理基本磁盘和动态磁盘、配置与管理 DNS 服务器、配置与管理 DHCP 服务器、配置与管理 Web 服务器、配置与管理 FTP 服务器、配置与管理 VPN 服务器、配置与管理 NAT 服务器、配置与管理证书服务器。书后的综合实训是对学习完本课程的综合检验。综合实训一涵盖了系统管理、动态磁盘管理和文件服务器管理等内容；综合实训二集 DHCP、DNS、Web、FTP、VPN 和 NAT 等服务于一体，综合度较高。

本书结构合理，知识全面且实例丰富，语言通俗易懂，易教易学。本书提供了知识点微课+实训项目慕课，读者可随时随地扫描学习。

本书可以作为高职院校计算机应用专业和计算机网络技术专业相关课程的教材，也可以作为 Windows Server 2012 系统管理和网络管理工作者的指导书。

◆ 编　著　杨　云　黄勇达　张　蕾　徐丽萍
责任编辑　马小霞
责任印制　马振武

◆ 人民邮电出版社出版发行　北京市丰台区成寿寺路 11 号
邮编　100164　电子邮件　315@ptpress.com.cn
网址　http://www.ptpress.com.cn
北京鑫正大印刷有限公司印刷

◆ 开本：787×1092　1/16
印张：14.75　　　　　2019 年 11 月第 4 版
字数：373 千字　　　2021 年 6 月北京第 4 次印刷

定价：49.80 元

读者服务热线：(010)81055256　印装质量热线：(010)81055316
反盗版热线：(010)81055315
广告经营许可证：京东市监广登字 20170147 号

前言 *Preface*

1. 编写背景

Windows Server 2012 R2 是 Windows Server 操作系统的最新版本，同时也是目前微软主推的服务器操作系统，本书所有的内容均使用此版本。虽然 Windows Server 2012 R2 与 Windows Server 2012 是两个不同的操作系统，但由于设置与部署具有相似性，因此本书的内容同样适用于 Windows Server 2012。

在未来的几年，Windows Server 2012 R2 将逐渐替代 Windows Server 2008/2012 成为企业应用的首选 Windows 服务器操作系统。基于目前 Windows Server 2012 R2 教材严重缺乏的现状，为满足我国中高等职业教育的需要，我们编写了这本"任务驱动、项目导向"的"教、学、做"一体化的 Windows Server 2012 R2 教材。

2. 本书特点

本书最大的特色是"易教易学"，音、视频等配套教学资源丰富。

（1）零基础教程，入门门槛低，易上手。微课+慕课，视频学习随时随地。

（2）基于工作过程导向的"教、学、做"一体化的编写方式。

（3）每个项目都以企业应用真实案例为基础，配有视频教学资源。

由于本书涉及很多具体操作，所以作者专门录制了大量视频进行讲解和实操演示，读者可以按照视频讲解直观地学习、练习和应用，易于理解，学习效果好。

（4）提供大量企业真实案例，实用性和实践性强。

全书列举的所有示例，读者都可以在自己的实验环境中完整实现。

（5）打造立体化教材。

电子资料、教材、微课和实训项目视频为教和学提供最大便利。

项目实录视频由微软高级工程师录制，包括项目背景、网络拓扑、项目实施、深度思考等内容，配合教材，极大地方便了教师教学和学生预习、自主学习。

本书提供了授课计划、项目指导书、电子教案、电子课件、课程标准、大赛、试卷、拓展提升、项目任务单、实训指导书等相关参考内容。若索要资料，请加作者的专业研讨 Windows&Linux（教师）QQ 群（189934741）和 QQ（68433059）。PPT 教案、习题解答等必备资料可到人民邮电出版社人邮教育社区（http://www.ryjiaoyu.com）免费下载使用。

3. 教学大纲

本书的参考学时为 70 学时，其中实训为 40 学时，各项目的参考学时参见下面的学时分配表。

项目	课程内容	学时分配	
		讲授	实训
项目 1	规划与安装 Windows Server 2012 R2	2	4
项目 2	部署与管理 Active Directory 域服务	4	4
项目 3	管理用户账户和组	2	2
项目 4	配置与管理分布式文件系统	2	2

课程内容	课程内容	学时分配	
		讲授	讲授
项目5	配置与管理基本磁盘和动态磁盘	2	2
项目6	配置与管理 DNS 服务器	2	2
项目7	配置与管理 DHCP 服务器	2	2
项目8	配置与管理 Web 服务器	4	4
项目9	配置与管理 FTP 服务器	2	2
项目10	配置与管理 VPN 服务器	2	2
项目11	配置与管理 NAT 服务器	2	2
项目12	配置与管理证书服务器	4	4
	综合实训一		4
	综合实训二		4
课时总计		30	40

4. 其他

本书由杨云、浙江创力电子股份有限公司黄勇达、山东现代学院张蕾和徐丽萍编著，王春身、王世存、张晖也参加了相关章节的编写工作。

编著者

2019 年 9 月

目录 *CONTENTS*

项目 10

配置与管理 VPN 服务器 ····· 168

项目 11

配置与管理 NAT 服务器 ···· 186

项目 12

配置与管理证书服务器 ········ 195

项目 1
规划与安装Windows Server 2012 R2

Windows Server 2012 不仅继承了 Windows 2008 的简易性和稳定性，而且提供了更高的硬件支持和更强大的功能，无疑是中小型企业应用服务器的首选。本章介绍 Windows Server 2012 家族及安装规划。

本项目学习要点

- 了解不同版本的 Windows Server 2012 系统的安装要求。
- 了解 Windows Server 2012 R2 的安装方式。

- 掌握完整安装 Windows Server 2012 R2。
- 掌握配置 Windows Server 2012 R2。

1.1 项目基础知识

Windows Server 2012 R2 是基于 Windows 8/Windows 8.1 以及 Windows 8 RT/Windows 8.1 RT 界面的新一代 Windows Server 操作系统，提供企业级数据中心和混合云解决方案，易于部署，具有成本效益，以应用程序为重点，以用户为中心。

在 Microsoft 云操作系统版图的中心地带，Windows Server 2012 R2 将能够提供全球规模云服务的 Microsoft 体验带入用户的基础架构，在虚拟化、管理、存储、网络、虚拟桌面基础结构、访问和信息保护、Web 和应用程序平台等方面具备多种新功能和增强功能。

Windows Server 2012 R2 是微软的服务器系统，是 Windows Server 2012 的升级版本。微软于 2013 年 6 月 25 日正式发布 Windows Server 2012 R2 预览版，包括 Windows Server 2012 R2 Datacenter（数据中心版）预览版和 Windows Server 2012 R2 Essentials 预览版。Windows Server 2012 R2 正式版于 2013 年 10 月 18 日发布。

1. 最低系统要求

- 处理器：1.4GHz，64 位。

- RAM：512MB。
- 磁盘空间：32GB。

2. 其他要求

- DVD 驱动器。
- 超级 VGA（800px×600px）或更高分辨率的显示器。
- 键盘和鼠标（或其他兼容的指点设备）。
- Internet 访问（可能需要付费）。

3. 基于 64 位操作系统

确保具有已更新且已进行数字签名的 Windows Server 2012 内核模式驱动程序。如果安装即插即用设备，则在驱动程序未进行数字签名时，可能会收到警告消息。如果安装的应用程序包含未进行数字签名的驱动程序，则在安装期间不会收到错误消息。在这两种情况下，Windows Server 2012 均不会加载未签名的驱动程序。

如果无法确定驱动程序是否已进行数字签名，或在安装之后无法启动计算机，请使用下面的步骤禁用驱动程序签名要求。通过此步骤可以使计算机正常启动，并成功地加载未签名的驱动程序。

（1）重新启动计算机，并在启动期间按 F8 键。

（2）选择"高级引导选项"。

（3）选择"禁用强制驱动程序签名"。

（4）引导 Windows 并卸载未签名的驱动程序。

1.2 项目设计及准备

1.2.1 项目设计

在为学校选择网络操作系统时，首先推荐 Windows Server 2012 操作系统。在安装 Windows Server 2012 操作系统时，根据教学环境不同，为方便教与学设计不同的安装形式。本项目在 VMware 中安装 Windows Server 2012 R2 操作系统。

① 物理主机安装了 Windows 8/10，计算机名为 client1。

② Windows Server 2012 R2 的 DVD-ROM 安装盘或镜像已准备好。

③ 要求 Windows Server 2012 的安装分区大小为 55 GB，文件系统格式为 NTFS，计算机名为 WIN2012-1，管理员密码为 P@ssw0rd1，服务器的 IP 地址为 192.168.10.1，子网掩码为 255.255.255.0，DNS 服务器为 192.168.10.1，默认网关为 192.168.10.254，属于工作组 COMP。

④ 要求配置桌面环境、关闭防火墙，放行 ping 命令。

⑤ 该网络拓扑图如图 1-1 所示。

角色：默认网关
主机名：WIN2012-0
IP地址：192.168.10.254/24
操作系统：Windows Server 2012 R2
工作组名：COMP

角色：物理主机
主机名：client1
IP地址：192.168.10.100/24
操作系统：Windows 8

角色：独立服务器
主机名：WIN2012-1
IP地址：192.168.10.1/24
操作系统：Windows Server 2008 R2
工作组名：COMP

图 1-1　安装 Windows Server 2012 的网络拓扑图

1.2.2　项目准备

（1）满足硬件要求的计算机 1 台。

（2）Windows Server 2012 R2 相应版本的安装光盘或镜像文件。

（3）用纸张记录安装文件的产品密匙（安装序列号）。规划启动盘的大小。

（4）在可能的情况下，在运行安装程序前用磁盘扫描程序扫描所有硬盘，检查硬盘错误并修复，否则安装程序运行时，如检查到有硬盘错误就会很麻烦。

（5）如果想在安装过程中格式化 C 盘或 D 盘（建议安装过程中格式化用于安装 Windows Server 2012 R2 系统的分区），需要备份 C 盘或 D 盘有用的数据。

（6）导出电子邮件账户和通信簿：将 "C:\Documents and Settings\Administrator（或自己的用户名）" 中的 "收藏夹" 目录复制到其他盘，以备份收藏夹。

1.3　项目实施

Windows Server 2012 R2 操作系统有多种安装方式。下面讲解如何安装与配置 Windows Server 2012 R2。

任务 1-1　使用光盘安装 Windows Server 2012 R2

使用 Windows Server 2012 R2 企业版的引导光盘进行安装是最简单的安装方式。在安装过程中，需要用户干预的地方不多，只需掌握几个关键点即可顺利完成安装。需要注意的是，如果当前服务器没有安装 SCSI 设备或者 RAID 卡，则可以略过相应步骤。

> **提示**　下面的安装操作可以用 VMware 虚拟机来完成。需要创建虚拟机，设置虚拟机中使用的 ISO 镜像所在的位置、内存大小等信息。操作过程类似。

STEP 1 设置光盘引导。重新启动系统并把光盘驱动器设置为第一启动设备，保存设置。

STEP 2 从光盘引导。将 Windows Server 2012 R2 安装光盘放入光驱并重新启动。如果硬盘内没有安装任何操作系统，计算机会直接从光盘启动到安装界面；如果硬盘内安装有其他操作系统，计算机就会显示"Press any key to boot from CD or DVD……"的提示信息，此时在键盘上按任意键，才从DVD-ROM启动。

STEP 3 启动安装过程以后，显示图1-2所示的"Windows安装程序"窗口，首先需要选择安装语言及设置输入法。

STEP 4 单击"下一步"按钮，出现询问是否立即安装Windows Server 2012 R2的提示，如图1-3所示。

图1-2 "Windows安装程序"窗口   图1-3 "现在安装"提示

STEP 5 单击"现在安装"按钮，显示图1-4所示的"选择要安装的操作系统"对话框。"操作系统"列表框中列出了可以安装的操作系统。这里选择"Windows Server 2012 R2 Standard（带有GUI的服务器）"，安装Windows Server 2012 R2标准版。

STEP 6 单击"下一步"按钮，选择"我接受许可条款"接受许可协议，单击"下一步"按钮，出现图1-5所示的"您想进行何种类型的安装？"对话框。"升级"用于从Windows Server 2008升级到Windows Server 2012 R2，且如果当前计算机没有安装操作系统，则该项不可用；"自定义（高级）"用于全新安装。

图1-4 "选择要安装的操作系统"对话框

图1-5 "您想进行何种类型的安装？"对话框

STEP 7 单击"自定义（高级）"，显示图 1-6 所示的"你想将 Windows 安装在哪里？"对话框，显示当前计算机硬盘上的分区信息。如果服务器安装有多块硬盘，则会依次显示为磁盘 0、磁盘 1、磁盘 2……

STEP 8 对硬盘进行分区，单击"新建"按钮，在"大小"文本框中输入分区大小，如 55 000 MB，如图 1-6 所示。单击"应用"按钮，弹出图 1-7 所示的自动创建额外分区的提示。单击"确定"按钮，完成系统分区（第一分区）和主分区（第二个分区）的建立。其他分区照此操作。

图1-6 "你想将 Windows 安装在哪里？"对话框

图1-7 创建额外分区的提示信息

STEP 9 完成分区后的对话框如图 1-8 所示。

STEP 10 选择第二个分区来安装操作系统，单击"下一步"按钮，显示图 1-9 所示的"正在安装 Windows"的提示性信息，开始复制文件并安装 Windows。

STEP 11 在安装过程中，系统会根据需要自动重新启动。在安装完成之前，要求用户设置 Administrator 的密码，如图 1-10 所示。

图 1-8　完成分区后的对话框

图 1-9　"正在安装 Windows"提示

对于账户密码，Windows Server 2012 R2 的要求非常严格，无论是管理员账户还是普通账户，都要求必须设置强密码。除必须满足"至少 6 个字符"和"不包含 Administrator 或 admin"的要求外，还至少同时满足以下 4 个条件中的 2 个：

图 1-10　提示设置密码

　① 包含大写字母（A、B、C 等）；
　② 包含小写字母（a、b、c 等）；
　③ 包含数字（0、1、2 等）；
　④ 包含非字母数字字符（#、&、~ 等）。

STEP 12 按要求输入密码，按"Enter"键，即可完成 Windows Server 2012 R2 系统的安装。接着按 Ctrl+Alt+Del 组合键，输入管理员密码就可以正常登录 Windows Server 2012 R2 系统了。系统默认自动启动初始配置任务窗口，如图 1-11 所示。

STEP 13 激活 Windows Server 2012 R2。单击"开始"→"控制面板"→"系统和安全"→"系统"，打开图 1-12 所示的"系统"窗口。右下角显示 Windows 激活的状况，可以在此激活 Windows Server 2012 R2 网络操作系统和更改产品密钥。激活有助于验证 Windows 的副本是否为正版，以及在多台计算机上使用的 Windows 数量是否已超过 Microsoft 软件许可条款允许的数量。激活的最终目的是有助于防止软件伪造。如果不激活，可以试用 60 天。

图 1-11　初始配置任务窗口

图 1-12　"系统"窗口

至此，Windows Server 2012 R2 安装完成，现在就可以使用了。

任务 1-2　配置 Windows Server 2012 R2

在安装完成后，应先设置一些基本配置，如计算机名、IP 地址、配置自动更新等，这些均可在"服务器管理器"中完成。

1. 更改计算机名

Windows Server 2012 R2 系统在安装过程中不需要设置计算机名，而是使用由系统随机配置的计算机名。但系统配置的计算机名不仅冗长，而且不便于标记。因此，为了更好地标识和识别服务器，应将其更改为易记或有一定意义的名称。

STEP 1 单击"开始"→"管理工具"→"服务器管理器"，或者直接单击左下角的"服务器管理器"按钮 ，打开"服务器管理器"窗口，再单击左侧的"本地服务器"按钮，如图1-13所示。

图1-13 "服务器管理器"窗口

STEP 2 直接单击"计算机名"和"工作组"后面的名称，修改计算机名和工作组名。先单击计算机名称，出现"系统属性"对话框并打开"计算机名"选项卡，如图1-14所示。

STEP 3 单击"更改"按钮，显示图1-15所示的"计算机名/域更改"对话框。在"计算机名"文本框中输入新的名称，如WIN2012-1。在"工作组"文本框中可以更改计算机所处的工作组。

图1-14 "系统属性"对话框

图1-15 "计算机名/域更改"对话框

STEP 4 单击"确定"按钮，显示"欢迎加入COMP工作组"的提示框，如图1-16所示。单击"确定"按钮，显示"重新启动计算机"提示框，提示必须重新启动计算机才能应用更改，如

图 1-17 所示。

图 1-16 "欢迎加入 COMP 工作组"提示框   图 1-17 "重新启动计算机"提示框

STEP 5 单击"确定"按钮，回到"系统属性"对话框，再单击"关闭"按钮，关闭"系统属性"对话框。接着出现对话框，提示必须重新启动计算机以应用更改。

STEP 6 单击"立即重新启动"按钮，即可重新启动计算机并应用新的计算机名。若选择"稍后重新启动"，则不会立即重新启动计算机。

2. 配置网络

网络配置是提供各种网络服务的前提。Windows Server 2012 R2 安装完成以后，默认为自动获取 IP 地址，自动从网络中的 DHCP 服务器获得 IP 地址。不过，由于 Windows Server 2012 R2 用来为网络提供服务，所以通常需要设置静态 IP 地址。另外，还可以配置网络发现、文件共享等功能，实现与网络的正常通信。

（1）配置 TCP/IP

STEP 1 用鼠标右键单击桌面右下角任务托盘区域的网络连接图标，选择快捷菜单中的"网络和共享中心"选项，打开图 1-18 所示的"网络和共享中心"窗口。

图 1-18 "网络和共享中心"窗口   图 1-19 "Ethernet0 状态"对话框

STEP 2 单击 Ethernet0，打开"Ethernet0 状态"对话框，查看本地连接状态，如图 1-19 所示。

STEP 3 单击"属性"按钮，显示图 1-20 所示的"Ethernet0 属性"对话框。Windows Server 2012 R2 包含 IPv6 和 IPv4 两个版本的 Internet 协议，并且默认都已启用。

STEP 4 在"此连接使用下列项目"列表框中选择"Internet 协议版本 4（TCP/IPv4）"，

单击"属性"按钮，显示图 1-21 所示的"Internet 协议版本 4（TCP/ IPv4）属性"对话框。选中"使用下面的 IP 地址"单选按钮，分别输入为该服务器分配的 IP 地址、子网掩码、默认网关和 DNS 服务器。如果要通过 DHCP 服务器获取 IP 地址，则保留默认的"自动获得 IP 地址"。

图 1-20 "Ethernet0 属性"对话框

图 1-21 "Internet 协议版本 4（TCP/IPv4）属性"对话框

STEP 5 单击"确定"按钮，保存所做的修改。

（2）启用网络发现

Windows Server 2012 R2 的"网络发现"功能，用来控制局域网中计算机和设备的发现与隐藏。如果启用"网络发现"功能，则可以显示当前局域网中发现的计算机，也就是"网络邻居"功能。同时，其他计算机也可发现当前计算机。如果禁用"网络发现"功能，则既不能发现其他计算机，也不能被发现。不过，关闭"网络发现"功能时，其他计算机仍可以通过搜索或指定计算机名、IP 地址的方式访问到该计算机，但不会显示在其他用户的"网络邻居"中。

为了便于计算机之间互相访问，可以启用此功能。在图 1-18 中的"网络和共享中心"窗口，单击"更改高级共享设置"按钮，出现图 1-22 所示的"高级共享设置"窗口，选择"启用网络发现"单选按钮，并单击"保存更改"按钮即可。

奇怪的是，当重新打开"高级共享设置"窗口，显示仍然是"关闭网络发现"。如何解决这个问题呢？

为了解决这个问题，需要在服务中启用以下 3 个服务：

① Function Discovery Resource Publication；

② SSDP Discovery；

③ UPnP Device Host。

将以上 3 个服务设置为自动并启动，就可以解决问题了。

> **提示** 依次单击"开始"→"管理工具"→"服务"，将上述 3 个服务设置为自动并启动即可。

图 1-22 "高级共享设置"窗口

（3）文件和打印机共享

网络管理员可以通过启用或关闭文件共享功能，为其他用户提供服务或访问其他计算机共享资源。在图 1-22 所示的"高级共享设置"窗口中，选择"启用文件和打印机共享"单选按钮，并单击"保存更改"按钮，即可启用文件和打印机共享功能。

（4）密码保护的共享

在图 1-22 中，单击"所有网络"右侧的 ⊙ 按钮，展开"所有网络"的高级共享设置，如图 1-23 所示。

- 可以选中"启用共享以便可以访问网络的用户可以读取和写入公用文件夹中的文件"单选按钮。

- 如果启用"密码保护的共享"功能，则其他用户必须使用当前计算机上有效的用户账户和密码才可以访问共享资源。Windows Server 2012 R2 默认启用该功能。

图 1-23 "高级共享设置"窗口

3. 配置虚拟内存

在 Windows 中，如果内存不够，系统会把内存中暂时不用的数据写到磁盘上，以腾出内存空间给其他应用程序使用；当系统需要这些数据时，再重新把数据从磁盘读回内存中。用来临时存放内存数据的磁盘空间称为虚拟内存。建议将虚拟内存的大小设为实际内存的 1.5 倍，虚拟内存太小会导致系统没有足够的内存运行程序，特别是当实际的内存不大时。下面是设置虚拟内存的具体步骤。

STEP 1 依次单击"开始"→"控制面板"→"系统和安全"→"系统"，然后单击"高级系统设置"，打开"系统属性"对话框，再单击"高级"选项卡，如图 1-24 所示。

STEP 2 单击"性能"栏内的"设置"按钮，打开"性能选项"对话框，再单击"高级"选项卡，如图 1-25 所示。

STEP 3 单击"更改"按钮，打开"虚拟内存"对话框，如图 1-26 所示。取消"自动管理所有驱动器的分页文件

图1-24 "系统属性"对话框

大小"复选框的勾选。选择"自定义大小"单选按钮，并设置初始大小为 40 000 MB，最大值为 60 000 MB，然后单击"设置"按钮。最后单击"确定"按钮并重启计算机，即可完成虚拟内存的设置。

图1-25 "性能选项"对话框

图1-26 "虚拟内存"对话框

注意 虚拟内存可以分布在不同的驱动器中，总的虚拟内存等于各个驱动器上的虚拟内存之和。如果计算机上有多个物理磁盘，建议把虚拟内存放在不同的磁盘上，以增强虚拟内存的读写性能。虚拟内存的大小可以自定义，即管理员手动指定，或者由系统自行决定。页面文件使用的文件名是根目录下的 pagefile.sys，不要轻易删除该文件，否则可能会导致系统崩溃。

4．设置显示属性

在"外观"对话框中可以设置计算机的显示、任务栏和"开始"菜单、轻松访问中心、文件夹选项和字体。前面已经介绍了文件夹选项的设置。下面介绍设置显示属性的具体步骤。

依次单击"开始"→"控制面板"→"外观"→"显示"，打开"显示"窗口，如图 1-27 所示。可以对分辨率、桌面背景、窗口颜色、屏幕保护程序、显示器设置、ClearType 文本和自定义文本大小（DPI）进行逐项设置。

图 1-27　"显示"窗口

5．配置防火墙，放行 ping 命令

Windows Server 2012 R2 安装后，默认自动启用防火墙，而且 ping 命令默认被阻止，ICMP 协议包无法穿越防火墙。为了后面实训的要求及实际需要，应该设置防火墙，允许 ping 命令通过。若要放行 ping 命令，有两种方法。

一是在防火墙设置中新建一条允许 ICMP v4 协议通过的规则，并启用；二是在防火墙设置中，在"入站规则"中启用"文件和打印共享（回显请求-ICMP v4-In）（默认不启用）"的预定义规则。下面介绍第一种方法的具体步骤。

STEP 1 依次单击"开始"→"控制面板"→"系统和安全"→"Windows 防火墙"→"高级设置"，在打开的"高级安全 Windows 防火墙"窗口中，单击左侧目录树中的"入站规则"，如图 1-28 所示。（第二种方法在此入站规则中设置即可，请读者自行思考。）

STEP 2 单击"操作"列的"新建规则"，出现"新建入站规则向导-规则类型"对话框，单击"自定义"单选按钮，如图 1-29 所示。

STEP 3 单击"步骤"列的"协议和端口"，如图 1-30 所示。在"协议类型"下拉列表框中选择 ICMP v4。

STEP 4 单击"下一步"按钮，在出现的对话框中选择应用于哪些本地 IP 地址和哪些远程 IP 地址。

STEP 5 继续单击"下一步"按钮，选择是否允许连接，选择"允许连接"。

STEP 6 再次单击"下一步"按钮，选择何时应用本规则。

图1-28 "高级安全Windows防火墙"窗口

图1-29 "新建入站规则向导-规则类型"对话框

图1-30 "新建入站规则向导-协议和端口"对话框

STEP 7 最后单击"下一步"按钮，输入本规则的名称，如 ICMP v4 协议规则。单击"完成"按钮，使新规则生效。

6. 查看系统信息

系统信息包括硬件资源、组件和软件环境等内容。依次单击"开始"→"管理工具"→"系统信息"，显示图 1-31 所示的"系统信息"窗口。

图 1-31 "系统信息"窗口

7. 设置自动更新

系统更新是 Windows 系统必不可少的功能，Windows Server 2012 R2 也是如此。为了增强系统功能，避免因漏洞而造成故障，必须及时安装更新程序，以保护系统安全。

单击左下角"开始"菜单右侧的"服务器管理器"图标，打开"服务器管理器"窗口。选中左侧的"本地服务器"，在"属性"区域中，单击"Windows 更新"右侧的"未配置"超链接，显示图 1-32 所示的"Windows 更新"窗口。

图 1-32 "Windows 更新"窗口

单击"更改设置"链接，显示图 1-33 所示的"更改设置"窗口，在"选择你的 Windows 更新设置"窗口中，选择一种更新方法即可。

图 1-33 "更改设置"窗口

单击"确定"按钮保存设置。Windows Server 2012 R2 就会根据所做配置，自动从 Windows 更新网站检测并下载更新。

1.4 习题

一、填空题

1. Windows Server 2012 R2 支持的文件系统包括_____、_____、_____。Windows Server 2012 R2 系统只能安装在_____文件系统分区。

2. Windows Server 2012 有多种安装方式，分别适用于不同的环境，选择合适的安装方式可以提高工作效率。除了常规的使用 DVD 启动安装方式以外，还有_____、_____及_____。

3. 安装 Windows Server 2012 R2 时，内存至少不低于_____，硬盘的可用空间不低于_____，并且只支持_____位版本。

4. Windows Server 2012 R2 管理员口令要求必须符合以下条件：①至少 6 个字符；②不包含用户账户名称超过两个以上连续字符；③包含_____、_____、大写字母（A~Z）、小写字母（a~z）4 组字符中的 2 组。

5. Windows Server 2012 R2 中的_____，相当于 Windows Server 2003 中的 Windows 组件。

6. 页面文件使用的文件名是根目录下的_____，不要轻易删除该文件，否则可能会导致系统崩溃。

7. 对于虚拟内存的大小，建议为实际内存的_____。

二、选择题

1. 在 Windows Server 2012 R2 系统中，如果要输入 DOS 命令，则在"运行"窗口中输入

(   )。

    A. CMD   B. MMC   C. AUTOEXE   D. TTY

2. Windows Server 2012 R2 系统安装时生成的 Documents and Settings、Windows 以及 Windows\System32 文件夹是不能随意更改的，因为它们是（   ）。

    A. Windows 的桌面

    B. Windows 正常运行时必需的应用软件文件夹

    C. Windows 正常运行时必需的用户文件夹

    D. Windows 正常运行时必需的系统文件夹

3. 有一台服务器的操作系统是 Windows Server 2008，文件系统是 NTFS，无任何分区，现要求对该服务器安装 Windows Server 2012 R2，保留原数据，但不保留操作系统，应使用下列方法中的（   ）安装才能满足需求。

    A. 在安装过程中进行全新安装并格式化磁盘

    B. 对原操作系统进行升级安装，不格式化磁盘

    C. 做成双引导，不格式化磁盘

    D. 重新分区并进行全新安装

4. 现要在一台装有 Windows 2008 Server 操作系统的机器上安装 Windows Server 2012 R2，并做成双引导系统。此计算机硬盘的大小是 200 GB，有两个分区：C 盘 100 GB，文件系统是 FAT；D 盘 100 GB，文件系统是 NTFS。为使计算机成为双引导系统，下列哪个选项是最好的方法？（   ）

    A. 安装时选择升级选项，并且选择 D 盘作为安装盘

    B. 全新安装，选择 C 盘上与 Windows 相同的目录作为 Windows Server 2012 R2 的安装目录

    C. 升级安装，选择 C 盘上与 Windows 不同的目录作为 Windows Server 2012 R2 的安装目录

    D. 全新安装，且选择 D 盘作为安装盘

5. 与 Windows Server 2003 相比，下面（   ）不是 Windows Server 2012 R2 的新特性。

    A. Active Directory   B. 服务器核心

    C. Power Shell   D. Hyper-V

三、简答题

1. 简述 Windows Server 2012 R2 系统的最低硬件配置需求。

2. 在安装 Windows Server 2012 R2 前有哪些注意事项？

1.5 项目实训　基本配置 Windows Server 2012 R2

一、实训目的

1-1 项目实训 基本配置 Windows Server 2012 R2

- 掌握 Windows Server 2012 R2 网络操作系统的桌面环境配置。
- 掌握 Windows Server 2012 R2 防火墙的配置。
- 掌握 Windows Server 2012 R2 控制台（MMC）的应用。
- 掌握在 Windows Server 2012 R2 中添加角色和功能的设置。

二、项目背景

公司新购进一台服务器，硬盘空间为 500 GB，已经安装了 Windows 7 网络操作系统和 VMware，计算机名为 client1。Windows Server 2012 R2 的镜像文件已保存在硬盘上。网络拓扑图参照图 1-34。

角色:默认网关
主机名:WIN2012-0
IP地址:192.168.10.254/24
操作系统:Windows Server 2012 R2
工作组名:COMP

角色:物理主机
主机名:client1
IP地址:192.168.10.100/24
操作系统:Windows 7

角色:独立服务器
主机名:WIN2012-1
IP地址:192.168.10.1/24
操作系统:Windows Server 2008 R2
工作组名:COMP

图1-34　网络拓扑图

三、项目要求

项目实训要求如下。

（1）配置桌面环境。
- 对"开始"菜单进行自定义设置。
- 虚拟内存大小设为实际内存的 2 倍。
- 设置文件夹选项。
- 设置显示属性。
- 查看系统信息。
- 设置自动更新。

（2）关闭防火墙。

（3）使用规划放行 ping 命令。

（4）测试物理主机（client1）与虚拟机（WIN2012-0）之间的通信。

（5）使用 MMC 控制台。

（6）添加角色和功能。

四、做一做

根据项目实训录像进行项目的实训，检查学习效果。

项目 2
部署与管理Active Directory域服务

02

公司组建的单位内部的办公网络原来是基于工作组方式的，近期由于公司业务发展，人员激增，基于方便和网络安全管理的需要，考虑将基于工作组的网络升级为基于域的网络。现在需要将一台或多台计算机升级为域控制器，并将其他所有计算机加入域成为成员服务器，同时将原来的本地用户账户和组也升级为域用户和组进行管理。

本项目学习要点

- 掌握规划和安装局域网中的活动目录的方法。
- 掌握创建目录林根级域的方法。

- 掌握安装额外域控制器的方法。

2.1 项目基础知识

活动目录（Active Directory，AD）是 Windows Server 系统中非常重要的目录服务。Active Directory 用于存储网络上各种对象的有关信息，包括用户账户、组、打印机、共享文件夹等，并把这些数据存储在目录服务数据库中，便于管理员和用户查询及使用。活动目录具有安全、可扩展、可伸缩的特点，与域名系统（Domain Name System，DNS）集成在一起，可基于策略进行管理。

2.1.1 认识活动目录及意义

什么是活动目录呢？活动目录就是 Windows 网络中的目录服务（Directory Service），即活动目录域服务（Active Directory Domain Services，AD DS）。目录服务有两方面内容：目录和与目录相关的服务。

活动目录负责目录数据库的保存、新建、删除、修改与查询等服务，用户能很容易地在目录内寻找所需的数据。

2-1 AD DS 域服务相关知识（1）

AD DS 的适用范围非常广泛，它可以用在一台计算机、一个小型局域网络或数个广域网结合的环境中。它包含此范围中的所有对象，如文件、打印机、应用程序、服务器、域控制器和用户账户等。使用活动目录具有以下意义。

（1）简化管理。

（2）安全性。

（3）改进的性能与可靠性。

2.1.2 命名空间

命名空间（Name Space）是一个界定好的区域（Bounded Area），在此区域内，我们可以利用某个名称找到与此名称有关的信息。例如，一本电话簿就是一个命名空间，在这本电话簿内（界定好的区域内），可以利用姓名来找到此人的电话、地址与生日等数据。又例如，Windows 操作系统的 NTFS 文件系统也是一个命名空间，在这个文件系统内，我们可以利用文件名来找到此文件的大小、修改日期与文件内容等数据。

AD DS 也是一个命名空间。利用 AD DS，我们可以通过对象名称来找到与此对象有关的所有信息。

在 TCP/IP 网络环境下，可利用域名系统（Domain Name System，DNS）来解析主机名与 IP 地址的对应关系，例如，利用 DNS 来得到主机的 IP 地址。AD DS 也与 DNS 紧密地集成在一起，它的域名空间也是采用 DNS 架构，因此域是采用 DNS 格式来命名的，例如，可以将 AD DS 的域命名为 long.com。

2.1.3 对象和属性

AD DS 内的资源以对象（Objects）的形式存在，例如，用户、计算机等都是对象，而对象是通过属性（Atributes）来描述其特征的，也就是对象本身是一些属性的集合。例如，要为使用者张三建立一个账户，需新建一个对象类型（Object Class）为用户的对象（也就是用户账户），然后在此对象内输入张三的姓、名、登录名与地址等，其中的用户账户就是对象，而姓、名与登录名等就是该对象的属性。

2.1.4 容器

容器（Container）与对象类似，它也有自己的名称，也是一些属性的集合，不过容器内可以包含其他对象（如用户、计算机等），也可以包含其他容器。

组织单位是一个比较特殊的容器，其内可以包含其他对象与组织单位。组织单位也是应用组策略（Group Policy）和委派责任的最小单位。

AD DS 以层次式架构（Hierarchical）将对象、容器与组织单位等组合在一起，并将其存储到 AD DS 数据库内。

2.1.5 可重新启动的 AD DS

除了进入目录服务还原模式之外，Windows Server 2012 R2（后续内容中有关 Windows Server 2012 R2 的讲解，同样适用于 Windows Server 2012）等域控制器还提供可重新启动的 AD DS

（Restartable AD DS）功能，也就是说，要执行 AD DS 数据库维护工作，只需要将 AD DS 服务停止即可，不需要重新启动计算机来进入目录服务还原模式，这样不但可以让 AD DS 数据库的维护工作更容易、更快速地完成，而且其他服务不会被中断。完成维护工作后再重新启动 AD DS 服务即可。

在 AD DS 服务停止的情况下，只要还有其他域控制器在线，就仍然可以在这台 AD DS 服务停止的域控制器上利用域用户账户登录。若没有其他域控制器在线，则在这台 AD DS 服务已停止的域控制器上，默认只能够利用目录服务还原模式的系统管理员账户来进入目录服务还原模式。

2.1.6　Active Directory 回收站

在旧版 Windows 系统中，系统管理员若不小心将 AD DS 对象删除，其恢复过程耗时耗力，例如，误删组织单位，其内所有对象都会丢失，此时虽然系统管理员可以进入目录服务还原模式来恢复被误删的对象，但比较耗费时间，而且在进入目录服务还原模式这段时间内，域控制器会暂时停止对客户端提供服务。Windows Server 2012 R2 具备 Active Directory 回收站功能，它让系统管理员不需要进入目录服务还原模式，就可以快速恢复被删除的对象。

2.1.7　AD DS 的复制模式

域控制器之间在复制 AD DS 数据库时，分为下面两种复制模式。

1. 多主机复制模式

AD DS 数据库内的大部分数据是利用多主机复制模式（Multi-Master Replication Model）进行复制操作的。在此模式下，可以直接更新任何一台域控制器内的 AD DS 对象，之后这个更新过的对象会被自动复制到其他域控制器。例如，在任何一台域控制器的 AD DS 数据库内添加一个用户账户后，此账户会自动被复制到域内的其他域控制器。

2-2　AD DS 域服务相关知识（2）

2. 单主机复制模式

AD DS 数据库内少部分数据是采用单主机复制模式（Single-Master Replication Model）进行复制的。在此模式下，当用户提出修改对象数据的请求时，会由其中一台域控制器（被称为操作主机）负责接收与处理此请求，也就是说，该对象是先在操作主机中被更新，再由操作主机将它复制给其他域控制器。例如，添加或删除一个域时，此变动数据会先被写入扮演域命名操作主机角色的域控制器内，再由它复制给其他域控制器。

2.1.8　认识活动目录的逻辑结构

活动目录结构是指网络中所有用户、计算机以及其他网络资源的层次关系，就像一个大型仓库中分出若干个小储藏间，每个小储藏间分别用来存放东西。通常活动目录的结构可以分为逻辑结构和物理结构，分别包含不同的对象。

2-3　AD DS 域服务相关知识（3）

活动目录的逻辑结构非常灵活，目录中的逻辑单元通常包括架构、域、组织单位、域目录树、域目录林、站点和目录分区。

1. 架构

AD DS 对象类型与属性数据是定义在架构（Schema）内的，例如，它定义了用户对象类型内包含哪些属性（姓、名、电话等）、每一个属性的数据类型等信息。

隶属于 Schema Admins 组的用户可以修改架构内的数据，应用程序也可以自行在架构内添加其所需的对象类型或属性。在一个林内的所有域树共享相同的架构。

2. 域

域是在 Windows NT/2000/2003/2008/2012 网络环境中组建客户机/服务器网络的实现方式。域是由网络管理员定义的一组计算机集合，它实际上就是一个网络。在这个网络中，至少有一台称为域控制器的计算机，充当服务器角色。在域控制器中保存着整个网络的用户账号及目录数据库，即活动目录。管理员可以修改活动目录的配置来实现对网络的管理和控制，如管理员可以在活动目录中为每个用户创建域用户账号，使他们可登录域并访问域的资源。同时，管理员也可以控制所有网络用户的行为，如控制用户能否登录、在什么时间登录、登录后能执行哪些操作等。而域中的客户计算机要访问域的资源，就必须先加入域，并通过管理员为其创建的域用户账号登录域，才能访问域资源，同时，也必须接受管理员的控制和管理。构建域后，管理员可以对整个网络实施集中控制和管理。

3. 组织单位

组织单位（Organizational Unit，OU）在活动目录中扮演特殊的角色，它是一个当普通边界不能满足要求时创建的边界。OU 把域中的对象组织成逻辑管理组，而不是安全组或代表地理实体的组。OU 是应用组策略和委派责任的最小单位。

组织单位是包含在活动目录中的容器对象。创建组织单位的目的是对活动目录对象进行分类。因此组织单位是可将用户、组、计算机和其他单元放入活动目录的容器。组织单位不能包括来自其他域的对象。使用组织单位，用户可在组织单位中代表逻辑层次结构的域中创建容器，这样就可以根据组织模型管理网络资源的配置和使用。可授予用户对域中某个组织单位的管理权限，组织单位的管理员不需要具有域中任何其他组织单位的管理权。

4. 域目录树

当要配置一个包含多个域的网络时，应该将网络配置成域目录树结构，如图 2-1 所示。

在图 2-1 所示的域目录树中，最上层的域名为 China.com，是这个域目录树的根域，也称为父域。下面两个域 Jinan.China.com 和 Beijing.China.com 是 China.com 域的子域。3 个域共同构成了这个域目录树。

活动目录的域仍然采用 DNS 域的命名规则命名。在图 2-1 所示的域目录树中，两个子域的域名 Jinan.China.com 和 Beijing.China.com 中仍包含父域的域名 China.com，因此，它们的命名空间是连续的。这也是判断两个域是否属于同一个域目录树的重要条件。

在整个域目录树中，所有域共享同一个活动目录，即整个域目录树中只有一个活动目录。只不过这个活动目录分散地存储在不同的域中（每个域只负责存储和本域有关的数据），整体上形成一个大的分布式的

图 2-1 域目录树

活动目录数据库。在配置一个较大规模的企业网络时，可以配置为域目录树结构，比如将企业总部的网络配置为根域，各分支机构的网络配置为子域，整体上形成一个域目录树，以实现集中管理。

5. 域目录林

如果网络的规模比前面提到的域目录树还要大，甚至包含了多个域目录树，就可以将网络配置

为域目录林（也称森林）结构。域目录林由一个或多个域目录树组成，如图 2-2 所示。域目录林中的每个域目录树都有唯一的命名空间，它们之间并不是连续的，这一点从图 2-2 的两个目录树中可以看到。

图 2-2　域目录林

整个域目录林中也存在一个根域，这个根域是域目录林中最先安装的域。在图 2-2 所示的域目录林中，因为 China.com 是最先安装的，所以这个域是域目录林的根域。

> **注意**　在创建域目录林时，组成域目录林的两个域目录树的树根之间会自动创建相互的、可传递的信任关系。由于有了双向的信任关系，域目录林中的每个域中的用户都可以访问其他域的资源，也可以从其他域登录到本域中。

6．站点

站点由一个或多个 IP 子网组成，这些子网通过高速网络设备连接在一起。站点往往由企业的物理位置分布情况决定，可以依据站点结构配置活动目录的访问和复制拓扑关系，使得网络更有效地连接，并且可使复制策略更合理，用户登录更快速。活动目录中的站点与域是两个完全独立的概念，一个站点中可以有多个域，多个站点也可以位于同一个域中。

活动目录站点和服务可以使用站点提高大多数配置目录服务的效率。使用活动目录站点和服务来发布站点，并提供有关网络物理结构的信息，从而确定如何复制目录信息和处理服务的请求。计算机站点是根据其在子网或组已连接好子网中的位置指定的，子网用来为网络分组，类似于生活中使用邮政编码划分地址。划分子网可方便发送有关网络与目录连接的物理信息，而且同一子网中计算机的连接情况通常优于不同网络。

使用站点的意义主要有以下 3 点。

（1）提高了验证过程的效率。

（2）平衡了复制频率。

（3）可提供有关站点链接信息。

7．目录分区

AD DS 数据库被逻辑地分为下面 4 个目录分区（Directory Partition）。

（1）架构目录分区（Schema Directory Partition）。它存储着整个林中所有对象与属性的定义数据，也存储着如何建立新对象与属性的规则。整个林内的所有域共享一份相同的架构目录分区，它会被复制到林中所有域的所有域控制器中。

（2）配置目录分区（Configuration Directory Partition）。其内存储着整个 AD DS 的结构，如有哪些域、哪些站点、哪些域控制器等数据。整个林共享一份相同的配置目录分区，它会被复制到林中所有域的所有域控制器中。

（3）域目录分区（Domain Directory Partition）。其内存储着与该域有关的对象，如用户、组与计算机等对象。每一个域各自拥有一份域目录分区，它只会被复制到该域内的所有域控制器中，而不会被复制到其他域的域控制器中。

（4）应用程序目录分区（Application Directory Partition）。一般来说，应用程序目录分区是由应用程序建立的，其内存储着与该应用程序有关的数据。例如，由 Windows Server 2012 R2 扮演的 DNS 服务器，若建立的 DNS 区域为 Active Directory 集成区域，它就会在 AD DS 数据库内建立应用程序目录分区，以便存储该区域的数据。应用程序目录分区会被复制到林中特定的域控制器中，而不是所有的域控制器中。

2.1.9　认识活动目录的物理结构

活动目录的物理结构与逻辑结构是彼此独立的两个概念。逻辑结构侧重于网络资源的管理，而物理结构则侧重于网络的配置和优化。物理结构的 3 个重要概念是域控制器、只读域控制器和全局编录服务器。

1．域控制器

域控制器是指安装了活动目录的 Windows Server 2012 R2 的服务器，它保存了活动目录信息的副本。域控制器管理目录信息的变化，并把这些变化复制到同一个域中的其他域控制器上，使各域控制器上的目录信息同步。域控制器负责用户的登录过程以及其他与域有关的操作，如身份鉴定、目录信息查找等。一个域可以有多个域控制器，规模较小的域可以只有 2 个域控制器，一个实际应用，另一个用于容错性检查，规模较大的域则使用多个域控制器。

域控制器没有主次之分，采用多主机复制方案，每一个域控制器都有一个可写入的目录副本，这为目录信息容错带来了无尽的好处。尽管在某个时刻，不同的域控制器中的目录信息可能有所不同，但一旦活动目录中的所有控制器执行同步操作，最新的变化信息就会一致。

2．只读域控制器

只读域控制器（Read-Only Domain Controller，RODC）的 AD DS 数据库只可以被读取、不可以被修改，也就是说，用户或应用程序无法直接修改 RODC 的 AD DS 数据库。RODC 的 AD DS 数据库内容只能够从其他可读写的域控制器复制过来。RODC 主要是设计给远程分公司网络使用的，因为一般来说，远程分公司的网络规模比较小、用户人数比较少，此网络的安全措施或许并不如总公司完备，也可能缺乏 IT 技术人员，因此采用 RODC 可避免因其 AD DS 数据库被破坏而影响到整个 AD DS 环境。

3. 全局编录服务器

尽管活动目录支持多主机复制方案，然而由于复制引起通信流量以及网络潜在的冲突，变化的传播并不一定能够顺利进行，因此有必要在域控制器中指定全局编录（Global Catalog，GC）服务器以及操作主机。全局编录是个信息仓库，包含活动目录中所有对象的部分属性，是在查询过程中访问最为频繁的属性。利用这些信息，可以定位任何一个对象实际所在的位置。全局编录服务器是一个域控制器，它保存了全局编录的一份副本，并执行对全局编录的查询操作。全局编录服务器可以提高活动目录中大范围内对象检索的性能，比如在域林中查询所有的打印机操作。如果没有全局编录服务器，那么必须调动域林中每一个域的查询过程。如果域中只有一个域控制器，它就是全局编录服务器。如果有多个域控制器，那么管理员必须把一个域控制器配置为全局编录服务器。

2.2 项目设计及准备

2.2.1 设计

下面利用图 2-3 来说明如何建立第 1 个林中的第 1 个域（根域）。将安装一台 Windows Server 2012 R2 服务器，然后将其升级为域控制器并建立域。我们也将架设此域的第 2 台域控制器（Windows Server 2012 R2）、第 3 台域控制器（Windows Server 2012 R2）、一台成员服务器（Windows Server 2012 R2）和一台加入 AD DS 域的 Windows 10 计算机，如图 2-3 所示。

图 2-3　AD DS 网络规划拓扑图

> **提示**　建议利用 VMWare Workstation 或 Windows Server 2012 R2 Hyper-V 等提供虚拟环境的软件来搭建图 2-3 中的网络环境。若复制（克隆）现有虚拟机，则要记得执行 Sysprep.exe 并勾选"通用"。

2.2.2 项目准备

要将图 2-3 左上角的服务器 dc1.long.com 升级为域控制器（安装 Active Directory 域服务），因为它是第一台域控制器，因此这个升级操作会同时完成下面工作。

- 建立第一个新林。
- 建立此新林中的第一个域树。
- 建立此新域树中的第一个域。
- 建立此新域中的第一台域控制器。

换句话说，在建立图 2-3 中的第一台域控制器 dc1.long.com 时，会同时建立此域控制器所隶属的域 long.com、域 long.com 所隶属的域树，而域 long.com 也是此域树的根域。由于是第一个域树，因此它同时会建立一个新林，林名就是第一个域树根域的域名 long.com，域 long.com 就是整个林的林根域。

我们将通过新建服务器角色的方式，将图 2-3 中左上角的服务器 dc1.long.com 升级为网络中的第一台域控制器。

> **注意** 超过一台计算机参与部署环境时，一定要保证各计算机间的通信畅通，否则无法进行后续的工作。当使用 ping 命令测试失败时，有 2 种可能：一种是计算机间的配置确实存在问题，比如 IP 地址、子网掩码等；另一种情况也可能是本身计算机间的通信是畅通的，但由于对方防火墙等阻挡了 ping 命令的执行。第 2 种情况可以参考作者的《Windows Server 2012 网络操作系统项目教程（第 4 版）》（ISBN：978-7-115-42210-1，人民邮电出版社，2016.8）中"2.3.2 任务 2 配置 Windows Server 2012 R2"中的"配置防火墙，放行 ping 命令"相关内容进行相应处理，或者关闭防火墙。

2.3 项目实施

任务 2-1 创建第一个域（目录林根级域）

由于域控制器使用的活动目录和 DNS 有非常密切的关系，因此网络中要求有 DNS 服务器存在，并且 DNS 服务器要支持动态更新。如果没有 DNS 服务器存在，可以在创建域时一起把 DNS 安装上。这里假设图 2-3 中的 dc1.long.com 服务器尚未安装 DNS，并且是该域林中的第 1 台域控制器。

2-4 创建第一个域

1. 安装 Active Directory 域服务

活动目录在整个网络中的重要性不言而喻。经过 Windows Server 2003 和 Windows Server 2008 的不断完善，Windows Server 2012 R2 中的活动目录服务功能更加强大，管理更加方便。在 Windows Server 2012 R2 系统中安装活动目录时，需要先安装 Active Directory 域服务，然后将此服务器提升为域控制器，从而完成活动目录的安装。

Active Directory 域服务的主要作用是存储目录数据并管理域之间的通信，包括用户登录处理、身份验证和目录搜索等。

STEP 1 请先在图 2-3 中左上角的服务器 dc1.long.com 上安装 Windows Server 2012 R2,将其计算机名称设置为 dc1,IPv4 地址等按图 2-3 所示进行配置(图 2-3 中采用 TCP IPv4)。注意将计算机名称设置为 dc1 即可,等升级为域控制器后,它会自动被改为 dc1.long.com。

STEP 2 以管理员用户身份登录到 dc1,依次单击"开始"→"管理工具"→"服务器管理器"→"仪表板"。单击"添加角色和功能"按钮,运行图 2-4 所示的"添加角色和功能向导"。

图 2-4 "添加角色和功能向导"界面

> **提示** 请读者注意图 2-4 所示的"启动'删除角色和功能'向导"按钮。如果安装完 AD 服务后,需要删除该服务角色,则单击"启动'删除角色和功能'向导"按钮,删除 Active Directory 域服务!

STEP 3 持续单击"下一步"按钮,直到显示图 2-5 所示的"选择服务器角色"对话框时,勾选"Active Directory 域服务"复选框,单击"添加功能"按钮。

图 2-5 选择服务器角色

STEP 4 持续单击"下一步"按钮，直到显示图 2-6 所示的"确认安装所选内容"窗口。

图 2-6 "确认安装所选内容"窗口

STEP 5 单击"安装"按钮即可开始安装。安装完成后显示图 2-7 所示的安装结果，提示"Active Directory 域服务"已经成功安装。请单击"将此服务器提升为域控制器"按钮。

图 2-7 Active Directory 域服务安装成功

> **提示** 如果在图 2-7 所示窗口中直接单击"关闭"按钮，则之后要将其提升为域控制器，请单击图 2-8 所示服务器管理器右上方的旗帜符号，再单击"将此服务器提升为域控制器"按钮。

2. 安装活动目录

STEP 1 在图 2-7 或图 2-8 所示窗口中单击"将此服务器提升为域控制器"按钮，显示图 2-9 所示的"部署配置"窗口，选择"添加新林"单选按钮，设置林根域名（本例为 long.com），创建一台全新的域控制器。如果网络中已经存在其他域控制器或林，则可以选择"将新域添加到现有林"单选按钮，在现有林中安装。

图 2-8　将此服务器提升为域控制器

"选择部署操作"选项区中 3 个选项的具体含义如下。

- 将域控制器添加到现有域：可以向现有域添加第 2 台或更多域控制器。
- 将新域添加到现有林：在现有林中创建现有域的子域。
- 添加新林：新建全新的域。

图 2-9　部署配置

提示　网络既可以配置一台域控制器，也可以配置多台域控制器，以分担用户的登录和访问。多个域控制器可以一起工作，并会自动备份用户账户和活动目录数据，即使部分域控制器瘫痪，网络访问仍然不受影响，从而提高网络的安全性和稳定性。

STEP 2 单击"下一步"按钮，显示图 2-10 所示的"域控制器选项"窗口。

① 设置林功能级别和域功能级别。不同的林功能级别可以向下兼容不同平台的 Active Directory 服务功能。选择"Windows 2008"可以提供 Windows 2008 平台以上的所有 Active Directory 功能；选择"Windows Server 2012 R2"可提供 Windows Server 2012 R2 平台以上的所有 Active Directory 功能。用户可以根据自己实际的网络环境选择合适的功能级别。设置不同的域功能级别主要是为兼容不同平台下的网络用户和子域控制器，在此只能设置"Windows

Server 2012 R2"版本的域控制器。

② 设置目录服务还原模式密码。由于有时需要备份和还原活动目录，且还原时（启动系统时按F8键）必须进入"目录服务还原模式"下，所以此处要求输入"目录服务还原模式"时使用的密码。由于该密码和管理员密码可能不同，所以一定要牢记该密码。

③ 指定域控制器功能。因为默认在此服务器上直接安装 DNS 服务器，所以该向导将自动创建DNS 区域委派。无论 DNS 服务是否与 AD DS 集成，都必须将其安装在部署的 AD DS 目录林根级域的第一个域控制器上。

④ 第一台域控制器需要扮演全局编录服务器的角色。

⑤ 第一台域控制器不可以是只读域控制器（RODC）。

图 2-10　设置林功能级别和域功能级别

> **提示**　安装后若要设置"林功能级别"，登录域控制器，打开"Active Directory 域和信任关系"窗口，用鼠标右键单击"Active Directory 域和信任关系"，在弹出的快捷菜单中单击"提升林功能级别"，选择相应的林功能级别即可。正版的软件，可在包装盒上查看到有效序列号。

STEP 3 单击"下一步"按钮，显示图 2-11 所示的警告信息，目前不会有影响，因此不必理会它，直接单击"下一步"按钮。

STEP 4 在图 2-12 所示窗口中会自动为此域设置一个 NetBIOS 名称，也可以更改此名称。如果此名称已被占用，安装程序会自动指定一个建议名称。完成后单击"下一步"按钮。

STEP 5 显示图 2-13 所示的"路径"窗口，可以单击"浏览"按钮■更改为其他路径。其中，"数据库文件夹"用来存储互动目录数据库，"日志文件文件夹"用来存储活动目录的变化日志，以便于日常管理和维护。需要注意的是，"SYSVOL 文件夹"必须保存在 NTFS 格式的分区中。

图 2-11 "DNS 选项" 窗口

图 2-12 "其他选项" 窗口

图 2-13 指定 AD DS 数据库、日志文件和 SYSVOL 文件夹的位置

STEP 6 出现"查看选项"窗口，单击"下一步"按钮。

STEP 7 在图 2-14 所示的"先决条件检查"窗口中，如果顺利通过检查，就直接单击"安装"按钮，否则要按提示先排除问题。安装完成后会自动重新启动。

图 2-14　"先决条件检查"窗口

STEP 8 重新启动计算机，升级为 Active Directory 域控制器之后，必须使用域用户账户登录，格式为"域名\用户账户"，如图 2-15（a）所示。按左侧箭头可以更换登录用户，比如选择其他用户，如图 2-15（b）所示。

（a）"SamAccountName 登录"对话框　　　　（b）"UPN 登录"对话框

图 2-15　登录对话框

- 用户名 SamAccountName 登录。用户也可以利用此名称（contoso\wang）来登录。其中 wang 是 NetBIOS 名。同一个域中，此名称必须是唯一的。Windows NT、Windows 98 等旧版系统不支持 UPN，因此在这些计算机上登录时，只能使用此登录名。图 2-15（a）所示即为此种登录。

- 用户 UPN 登录。用户可以利用这个与电子邮箱格式相同的名称（administrator@long.com）来登录域，此名称被称为 User Principal Name（UPN）。此名在林中是唯一的。图 2-15（b）所示即为此种登录。

3. 验证 Active Directory 域服务的安装

活动目录安装完成后，在 dc1 上可以从各方面进行验证。

（1）查看计算机名

单击"开始"→"控制面板"→"系统和安全"→"系统"→"高级系统设置"→"计算机"，

可以看到计算机已经由工作组成员变成了域成员，而且是域控制器。

（2）查看管理工具

活动目录安装完成后，会添加一系列的活动目录管理工具，包括"Active Directory 用户和计算机""Active Directory 站点和服务""Active Directory 域和信任关系"等。单击"开始"→"管理工具"，可以在"管理工具"中找到这些管理工具的快捷方式。

（3）查看活动目录对象

打开"Active Directory 用户和计算机"管理工具，可以看到企业的域名 long.com。单击该域，窗口右侧的详细信息窗格中会显示域中的各个容器。其中包括一些内置容器，主要有以下几种。

- built-in：存放活动目录域中的内置组账户。
- computers：存放活动目录域中的计算机账户。
- users：存放活动目录域中的一部分用户和组账户。
- Domain Controllers：存放域控制器的计算机账户。

（4）查看 Active Directory 数据库

Active Directory 数据库文件保存在%SystemRoot%\Ntds（本例为 C:\windows\ntds）文件夹中，主要的文件如下。

- Ntds.dit：数据库文件。
- Edb.chk：检查点文件。
- Temp.edb：临时文件。

（5）查看 DNS 记录

为了让活动目录正常工作，需要 DNS 服务器的支持。活动目录安装完成后，重新启动 dc1 时会向指定的 DNS 服务器上注册 SRV 记录。

依次单击"开始"→"管理工具"→"DNS"，或者在服务器管理器窗口中单击右上方的"工具"→"DNS"，打开"DNS 管理器"窗口。一个注册了 SRV 记录的 DNS 服务器如图 2-16 所示。

图 2-16　注册 SRV 记录

如果因为域成员本身的设置有误或者网络问题，造成它们无法将数据注册到 DNS 服务，则可以在问题解决后，重新启动这些计算机或利用以下方法来手动注册。

- 如果某域成员计算机的主机名与 IP 地址没有正确注册到 DNS 服务器，可到此计算机上运行 ipconfig /registerdns 来手动注册完成后,到 DNS 服务器检查是否已有正确记录。例如,域成员主机名为 dc1.long.com,IP 地址为 192.168.10.1,则检查区域 long.com 内是否有 dc1 的主机记录、其 IP 地址是否为 192.168.10.1。

- 如果发现域控制器并没有将其扮演的角色注册到 DNS 服务器内,也就是并没有类似图 2-16 所示的_tcp 等文件夹与相关记录,请到此台域控制器上利用"开始"→"系统管理工具"→"服务",打开图 2-17 所示的"服务"窗口,选中 Netlogon 服务并单击鼠标右键,选择"重新启动"来注册。具体操作也可以使用以下命令。

```
net stop netlogon
net start netlogon
```

图 2-17　重新启动 Netlogon 服务

试一试　SRV 记录手动添加无效。将注册成功的 DNS 服务器中的 long.com 域下面的 SRV 记录删除一些,试着在域控制器上使用上面的命令恢复 DNS 服务器被删除的内容（使用命令后,单击鼠标右键,选择"刷新"即可）。成功了吗?

任务 2-2　将 ms1 加入 long.com 域

下面再将 ms1 独立服务器加入 long.com 域,将 ms1 提升为 long.com 的成员服务器。其步骤如下。

STEP 1　在 ms1 服务器上,确认"本地连接"属性中的 TCP/IP 首选 DNS 指向了 long.com 域的 DNS 服务器, 即 192.168.10.1。

STEP 2　单击"开始"→"控制面板"→"系统和安全"→"系统"→"高级系统设置",弹出"系统属性"对话框,选择"计算机名"选项卡,单击"更改"

2-5　将 ms1 加入 long.com 域

按钮，弹出"计算机名/域更改"对话框，在"隶属于"选项区中，选择"域"单选按钮，并输入要加入的域的名称 long.com，单击"确定"按钮。

STEP 3 输入有权限加入该域的账户名称和密码，确定后重新启动计算机即可。比如该域控制器的管理员账户，如图 2-18 所示。

STEP 4 加入域后，其完整计算机名的后缀就会附上域名，即图 2-19 所示的 ms1.long.com。单击"关闭"按钮，按照界面提示重新启动计算机。

图 2-18　将 ms1 加入 long.com 域

图 2-19　加入 long.com 域后的系统属性

提示　① Windows 10 的计算机加入域中的步骤和 Windows Server 2012 R2 加入域中的步骤相同。
　② 这些被加入域的计算机，其计算机账户会被创建在 Computers 窗口内。

任务 2-3　利用已加入域的计算机登录

除了利用本地账户登录，也可以在已经加入域的计算机上，利用本地域用户账户登录。

1. 利用本地账户登录

在登录界面中按 Ctrl+Alt+Del 组合键后，出现图 2-20 所示的界面，图中默认让用户利用本地系统管理员 Administrator 的身份登录，因此只要输入 Administrator 的密码就可以登录。

此时，系统会利用本地安全性数据库来检查账户与密码是否正确，如果正确，就可以成功登录，也可以访问计算机内的资源（若有权限），不过无法访问域内其他计算机的资源，除非在连接其他计算机时再输入有权限的用户名与密码。

2. 利用域用户账户登录

如果要利用域系统管理员 Administrator 的身份登录，则单击图 2-20 所示的人像左方的箭头图标 ，然后单击"其他用户"链接，打开图 2-21 所示的"其他用户"登录框，输入域系统管理员的账户（long\administrator）与密码，单击登录按钮 进行登录。

图 2-20　本地用户登录

图 2-21　域用户登录

> **注意**　账户名前面要附加域名，如 long.com\administrator 或 long\administrator，此时账户与密码会被发送给域控制器，并利用 Active Directory 数据库来检查账户与密码是否正确，如果正确，就可以成功登录，并且可以直接连接域内任何一台计算机并访问其中的资源（如果被赋予权限），不需要手动输入用户名与密码。当然，也可以用 UPN 登录，形如 administrator@long.com。
>
> 在图 2-20 中，如何利用本地用户登录？输入用户名"ms1\administrator"及相应密码可以吗？

任务 2-4　安装额外的域控制器与 RODC

一个域内若有多台域控制器，便可以拥有下面优势。

- 改善用户登录的效率。若同时有多台域控制器来对客户端提供服务，就可以分担用户身份验证（账户与密码）的负担，提高用户登录的效率。

- 容错功能。若有域控制器故障，此时仍然可以由其他正常的域控制器来继续提供服务，因此对用户的服务并不会停止。

在安装额外域控制器（Additional Domain Controller）时，需要将 AD DS 数据库由现有的域控制器复制到这台新的域控制器。然而若数据库非常庞大，则这个复制操作势必会增加网络负担，尤其是这台新域控制器位于远程网络内。系统提供了两种复制 AD DS 数据库的方式。

- 通过网络直接复制。若 AD DS 数据库庞大，此方法会增加网络负担、影响网络效率。

- 通过安装介质。需要事先到一台域控制器内制作安装介质（Installation Media），其中包含 AD DS 数据库；接着将安装介质复制到 U 盘、CD、DVD 等媒体或共享文件夹内；然后在安装额外域控制器时，要求安装向导到这个媒体内读取安装介质内的 AD DS 数据库。这种方式可以大幅降低对网络造成的负担。若在安装介质制作完成之后，现有域控制器的 AD DS 数据库内有新变动数据，则这些少量数据会在完成额外域控制器的安装后，再通过网络自动复制过来。

下面说明如何将图 2-22 中右上角的 dc2.long.com 升级为常规额外域控制器（可写域控制器），将右下角的 dc3.long.com 升级为只读域控制器（RODC）。

1. 利用网络直接复制安装额外控制器

2-6　利用网络直接复制安装额外域控制器

STEP 1　先在图 2-22 中的服务器 dc2.long.com 与 dc3.long.com 上安装 Windows Server 2012 R2，将计算机名称分别设定为 dc2、dc3，IPv4 地址等按照图 2-22 所示来设置（图 2-22 中采用 TCP/IPv4）。注意将计算机名称分别设置为 dc2 与 dc3 即可，等升级为域控制器后，它们会自动被改为 dc2.long.com 与 dc3.long.com。

角色：第1台域控制器、DNS服务器
主机名：dc1
IP地址：192.168.10.1/24
DNS：192.168.10.1
操作系统：Windows Server 2012 R2
域名：long.com

角色：第2台域控制器
主机名：dc2
IP地址：192.168.10.2/24
DNS：192.168.10.1
操作系统：Windows Server 2012 R2
域名：long.com

角色：第3台域控制器 (RODC)
主机名：dc3
IP地址：192.168.10.3/24
DNS：192.168.10.1
操作系统：Windows Server 2012 R2
域名：long.com

角色：成员服务器
主机名：ms1
IP地址：192.168.10.4/24
DNS：192.168.10.1
操作系统：Windows Server 2012 R2
域名：long.com

long.com

角色：加入域的客户机
主机名：Win10PC
IP地址：192.168.10.5/24
DNS：192.168.10.1
操作系统：Windows 10
域名：long.com

图 2-22　long.com 域的网络拓扑

STEP 2 安装 Active Directory 域服务。操作方法与安装第 1 台域控制器的方法完全相同。

STEP 3 启动 Active Directory 安装向导，当显示"部署配置"窗口时，选择"将域控制器添加到现有域"单选按钮，单击"更改"按钮，弹出"Windows 安全"对话框，需要指定可以通过相应主域控制器验证的用户账户凭据，该用户账户必须是 Domain Admins 组，拥有域管理员权限。比如，根域控制器的管理员账户 long\administrator，如图 2-23 所示。

图 2-23　部署配置

注意 只有 Enterprise Admins 或 Domain Admins 内的用户有权利建立其他域控制器。若现在登录的账户不隶属于这两个组（例如，现在登录的账户为本机 Administrator），则需另外指定有权利的用户账户，如图 2-23 所示。

STEP 4 单击"下一步"按钮，显示图 2-24 所示的"域控制器选项"窗口。

① 选择是否在此服务器上安装 DNS 服务器（默认会）。

② 选择是否将其设定为全局编录服务器（默认会）。

③ 选择是否将其设置为只读域控制器（默认不会）。

④ 设置目录服务还原模式的密码。

图 2-24 "域控制器选项"窗口

STEP 5 若在图 2-24 中未勾选"只读域控制器（RODC）"，则直接跳到下一个步骤。若是安装 RODC，则会出现图 2-25 所示的窗口，在完成图中的设定后单击"下一步"按钮，然后跳到 STEP 7 。

图 2-25 "RODC 选项"窗口

- 委派的管理员账户。可单击"选择"按钮来选取被委派的用户或组，它们在这台 RODC 将拥有本地系统管理员的权限，且若采用阶段式安装 RODC，则它们也可将此 RODC 服务器附加到 AD DS 数据库内的计算机账户。默认仅 Domain Admins 或 Enterprise Admins 组内的用户有权管理此 RODC 与执行附加操作。

- 允许将密码复制到 RODC 的账户。默认仅允许 Allowed RODC Password Replication Group 组内的用户密码可被复写到 RODC（此组默认并无任何成员），可单击"添加"按钮来添加用户或组账户。

- 拒绝将密码复制到 RODC 的账户。此处的用户账户的密码会被拒绝复制到 RODC。此处的设置较允许将密码复制到 RODC 的账户的设置优先级高。部分内建的组账户（如 Administrators、Server Operators 等）默认已被列于此列表内。可单击"添加"按钮来添加用户或组账户。

> **注意** 在安装域中的第 1 台 RODC 时，系统会自动建立与 RODC 有关的组账户；这些账户会被自动复制给其他域控制器，不过可能需要花费一段时间，尤其是复制给位于不同站点的域控制器时。之后在其他站点安装 RODC 时，若安装向导无法从这些域控制器得到这些域信息，它会显示警告信息，此时请等待这些组信息完成复制后，再继续安装这台 RODC。

STEP 6 若不是安装 RODC，会出现图 2-26 所示的界面，直接单击"下一步"按钮。

图 2-26 "DNS 选项"窗口

STEP 7 在图 2-27 中单击"下一步"按钮，会直接从其他任何一台域控制器复制 AD DS 数据库。

图 2-27 "其他选项"窗口

STEP 8 在图 2-28 中可直接单击"下一步"按钮。
- 数据库文件夹。用来存储 AD DS 数据库。
- 日志文件文件夹。用来存储 AD DS 数据库的变更日志，此日志文件可被用来修复 AD DS 数据库。
- SYSVOL 文件夹。用来存储域共享文件（如组策略相关的文件）。

STEP 9 在"查看选项"窗口中单击"下一步"按钮。

STEP 10 在图 2-29 中，若顺利通过检查，就直接单击"安装"按钮，否则请根据界面提示先排除问题。

图 2-28 "路径"窗口

图 2-29 "先决条件检查"窗口

STEP 11 安装完成后会自动重新启动，请重新登录。

STEP 12 分别打开 dc1、dc2、dc3 的 DNS 服务器管理器，检查 DNS 服务器内是否有域控制器 dc2.long.com 与 dc3.long.com 的相关记录，如图 2-30 所示（dc2、dc3 上的 DNS 服务器类似）。

这两台域控制器的 AD DS 数据库内容是从其他域控制器复制过来的，而原本这两台计算机内的本地用户账户会被删除。

> **注意** 在服务器 dc1（第一台域控制器）还没有升级成为域控制器之前，原本位于本地安全性数据库内的本地账户，会在升级后被转移到 Active Directory 数据库内，而且是被放置到 Users 容器内，并且这台域控制器的计算机账户会被放置到 Domain Controllers 组织单位内，其他加入域的计算机账户默认会被放置到 Computers 容器内。
>
> 只有在创建域内的第一台域控制器时，该服务器原来的本地账户才会被转移到 Active Directory 数据库，其他域控制器（如本例中的 dc2、dc3）原来的本地账户并不会被转移到 Active Directory 数据库，而是被删除。

图 2-30　检查 DNS 服务器

2. 利用安装介质来安装额外域控制器

先到一台域控制器上制作安装介质（Installation Media），也就是将 AD DS 数据库存储到安装介质内，并将安装介质复制到 U 盘、CD、DVD 等媒体或共享文件夹内。然后在安装额外域控制器时，要求安装向导从安装介质来读取 AD DS 数据库，这种方式可以大幅降低对网络造成的负担。

2-7　利用介质安装额外域控制器

（1）制作安装介质

请到现有的域控制器上执行 ntdsutil 命令来制作安装介质。

- 若此安装介质是要给可写域控制器使用的，则需到现有的可写域控制器上执行 ntdsutil 指令。
- 若此安装介质是要给只读域控制器（RODC）使用的，则可以到现有的可写域控制器或 RODC 上执行 ntdsutil 指令。

STEP 1 到域控制器上利用域系统管理员的身份登录。

STEP 2 选中左下角的开始图标并单击鼠标右键，选择"命令提示符"（或单击左下方任务栏中的 Windows PowerShell 图标 ）。

STEP 3 输入以下命令后按回车键（操作界面可参考图 2-31）。

```
ntdsutil
```

STEP 4 在 ntdsutil 提示符下，执行以下命令。

```
activate   instance ntds
```

它会将域控制器的 AD DS 数据库设置为使用中。

STEP 5 在 ntdsutil 提示字符下，执行以下命令。

```
ifm
```

STEP 6 在 ifm 提示符下，执行以下命令。

```
create sysvol full c:\InstallationMedia
```

> **注意**　此命令假设要将安装介质的内容存储到 C:\InstallationMedia 文件夹内。其中的 sysvol 表示要制作包含 ntds.dit 与 SYSVOL 的安装介质；full 表示要制作供可写域控制器使用的安装介质，若是要制作供 RODC 使用的安装介质，则将 full 改为 rodc。

STEP 7 连续执行两次 quit 命令来结束 ntdsutil。图 2-31 为部分操作界面。

图 2-31　制作安装介质

STEP 8 将整个 C:\InstallationMedia 文件夹内的所有数据复制到 U 盘、CD、DVD 等媒体或共享文件夹内。

（2）安装额外域控制器

将包含安装介质的 U 盘、CD 或 DVD 拿到即将扮演额外域控制器角色的计算机上，或将其放到可以访问到的共享文件夹内。

由于利用安装介质来安装额外域控制器的方法与前一节大致相同，因此下面仅列出不同之处。下面假设安装介质被复制到即将升级为额外域控制器的服务器的 C:\InstallationMedia 文件夹内：在图 2-32 中改为选中"从介质安装"复选框，并在路径处指定存储安装介质的文件夹 C:\InstallationMedia。

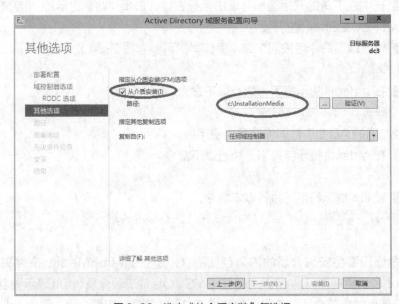

图 2-32　选中"从介质安装"复选框

在安装过程中会从安装介质所在的文件夹 C:\InstallationMedia 复制 AD DS 数据库。若在安装介质制作完成之后，现有域控制器的 AD DS 数据库更新数据，则这些少量数据会在完成额外域控制器安装后，再通过网络自动复制过来。

2-8 直接安装 RODC 额外 控制器

3. 修改 RODC 的委派与密码复制策略设置

若要修改密码复制策略设置或 RODC 系统管理工作的委派设置，则在开启 "Active Directory 用户和计算机"后，在图 2-33 中单击容器 Domain Controllers 右方扮演 RODC 角色的域控制器，单击上方的属性图标 ，通过图 2-34 中的 "密码复制策略"与 "管理者"选项卡来设置。

图 2-33　Active Directory 用户和计算机

图 2-34　"密码复制策略"和 "管理者"选项卡

也可以通过 "Active Directory 管理中心"来修改上述设置：开启 Active Directory 管理中心后，如图 2-35 所示，单击容器 Domain Controllers 界面中间扮演 RODC 角色的域控制器，单击右方的 "属性"，通过图 2-36 中的 "管理者"选项与 "扩展"选项中的 "密码复制策略"选项卡来设定。

图 2-35 Active Directory 管理中心的 Domain Controllers

图 2-36 "密码复制策略"选项卡

4. 验证额外域控制器运行正常

2-9 验证额外域
控制器运行正常

DC1 是第一台域控制器，DC2 服务器已经提升为额外域控制器，现在可以将成员服务器 ms1 的首选 DNS 指向 DC1 域控制器，备用 DNS 指向 DC2 额外域控制器，当 DC1 域控制器发生故障时，DC2 额外域控制器可以负责域名解析和身份验证等工作，从而实现不间断服务。

STEP 1 在 ms1 上配置"首选"为 192.168.10.1，"备用 DNS"为 192.168.10.2。

STEP 2 利用 DC1 域控制器的"Active Directory 用户和计算机"建立供测试用的域用户 domainuser1。刷新 DC2、DC3 的"Active Directory 用户和计算机"中的 users 容器，发现 domainuser1 几乎同时同步到了这两台域控制器上。

STEP 3 将"DC1 域控制器"暂时关闭，在 VMWare Workstation 中也可以将"DC1 域控制器"暂时挂起。

STEP 4 在"ms1"上使用 domainuser1 登录域，观察是否能够登录，如果可以登录成功，就可以提供 AD 的不间断服务了，也验证了额外域控制器安装成功。

STEP 5 在"服务器管理器"主窗口下，单击"工具"，打开"Active Directory 站点和服务"窗口，依次展开"Sites"→"Default- First- Site- Name"→"Servers"→"DC2"→"NTDS Settings"，单击鼠标右键，在弹出的快捷菜单中选择"属性"，如图 2-37 所示。

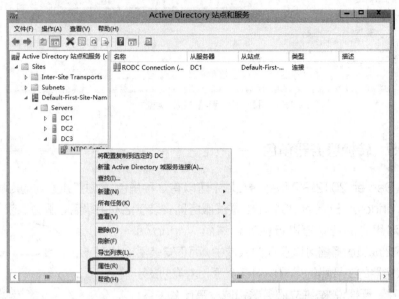

图 2-37 "Active Directory 站点和服务"窗口

STEP 6 在弹出的对话框中取消勾选"全局编录"复选框，如图 2-38 所示。

图 2-38 取消"全局编录"

STEP 7 在"服务器管理器"主窗口下，单击"工具"，打开"Active Directory 用户和计算机"窗口，展开"Domain Controllers"，可以看到 DC2 的"DC 类型"由之前的 GC 变为现在的 DC，如图 2-39 所示。

图 2-39　查看"DC 类型"

任务 2-5　转换服务器角色

Windows Server 2012 R2 服务器在域中可以有 3 种角色：域控制器、成员服务器和独立服务器。当一台 Windows Server 2012 R2 成员服务器安装了活动目录后，服务器就成为域控制器，域控制器可以对用户的登录等进行验证；然而 Windows Server 2012 R2 成员服务器可以仅仅加入域中，而不安装活动目录，这时服务器的主要目的是提供网络资源，这样的服务器称为成员服务器。严格说来，独立服务器和域没有什么关系，如果服务器不加入域中，也不安装活动目录，服务器就称为独立服务器。服务器的这 3 个角色的改变如图 2-40 所示。

图 2-40　服务器角色的变化

1. 域控制器降级为成员服务器

在域控制器上把活动目录删除，服务器就降级为成员服务器了。下面以图 2-3 中的 DC2 降级为例，介绍具体步骤。

（1）删除活动目录注意要点

用户删除活动目录也就是将域控制器降级为独立服务器。降级时要注意以下 3 点。

① 如果该域内还有其他域控制器，则该域会被降级为该域的成员服务器。

② 如果这个域控制器是该域的最后一个域控制器，则被降级后，该域内将不存在任何域控制器。因此，该域控制器被删除，而该计算机被降级为独立服务器。

③ 如果这台域控制器是"全局编录"，则将其降级后，它将不再担当"全局编录"的角色，因此要先确定网络上是否还有其他"全局编录"域控制器。如果没有，则要先指派一台域控制器来担当"全局编录"的角色，否则将影响用户的登录操作。

2-10　降级域控制器

提示　指派"全局编录"的角色时，可以依次单击"开始"→"管理工具"→"Active Directory站点和服务"→"Sites"→"Default-First-Site-Name"→"Servers"，展开要担当"全局编录"角色的服务器名称，用鼠标右键单击"NTDS Settings 属性"选项，在弹出的快捷菜单中选择"属性"选项，在显示的"NTDS Settings 属性"对话框中选中"全局编录"复选框。

（2）删除活动目录

STEP 1 以管理员身份登录 DC2，单击左下角的服务器管理器图标，在图 2-41 所示的窗口中单击右上方的"管理"菜单下的"删除角色和功能"命令。

图 2-41　删除角色和功能

STEP 2 在图 2-42 所示的对话框中取消勾选"Active Directory 域服务"选项，单击"删除功能"按钮。

图 2-42　删除服务器角色和功能

STEP 3 出现图 2-43 所示的界面时，单击"确定"按钮，即将此域控制器降级。

STEP 4 如果在图 2-44 所示界面中当前的用户有权删除此域控制器，请单击"下一步"按钮，否则单击"更改"按钮来输入新的账户与密码。

图2-43 验证结果

图2-44 "凭据"窗口

> **提示** 如果因故无法删除此域控制器（例如，在删除域控制器时，需要能够先连接到其他域控制器，但是却一直无法连接），或者是最后一个域控制器，此时勾选图 2-44 中的"强制删除此域控制器"复选框。

STEP 5 在图 2-45 所示界面中勾选"继续删除"复选框后，单击"下一步"按钮。

图2-45 "警告"窗口

STEP 6 在图 2-45 中为这台即将被降级为独立或成员服务器的计算机设置本地 Administrator 的新密码后，单击"下一步"按钮。

STEP 7 在查看选项界面中单击"降级"按钮。

STEP 8 完成后会自动重新启动计算机，请重新登录。（以域管理员登录，图 2-46 中设置的是降级后的计算机 WIN2012-2 的本地管理员密码。）

图 2-46　新管理员密码

> **注意**　虽然这台服务器已经不再是域控制器了，但此时其 Active Directory 域服务组件仍然存在，并没有被删除。因此，也可以直接将其升级为域控制器。

STEP 9　在服务器管理器中单击"管理"菜单下的"删除角色和功能"命令。

STEP 10　出现"开始之前"界面，单击"下一步"按钮。

STEP 11　确认选择目标服务器界面的服务器无误后单击"下一步"按钮。

STEP 12　在图 2-47 所示界面中取消勾选"Active Directory 域服务"复选框，单击"删除功能"按钮。

图 2-47　删除服务器角色和功能

STEP 13　回到"删除服务器角色"界面时，确认"Active Directory 域服务"已经被取消勾选（也可以一起取消勾选"DNS 服务器"）后，单击"下一步"按钮。

STEP 14　出现"删除功能"界面时，单击"下一步"按钮。

STEP 15　在确认删除选择界面中单击"删除"按钮。

STEP 16　完成后，重新启动计算机。

2. 成员服务器降级为独立服务器

DC2 删除 Active Directory 域服务后，降级为域 long.com 的成员服务器。现在将该成员服务器继续降级为独立服务器。

首先在 DC2 上以域管理员（long\administrator）或本地管理员（dc2\ administrator）身份登录。登录成功后，单击"开始"→"控制面板"→"系统和安全"→"系统"→"高级系统设置"，弹出"系统属性"对话框，选择"计算机名"选项卡，单击"更改"按钮；弹出"计算机名/域更改"窗口；在"隶属于"选项区中，选择"工作组"单选按钮，并输入从域中脱离后要加入的工作组的名称（本例为 WORKGROUP），单击"确定"按钮；输入有权限脱离该域的账户的名称和密码，确定后重新启动计算机即可。

2.4 习题

一、填空题

1. 通过 Windows Server 2012 R2 系统组建客户机/服务器模式的网络时，应该将网络配置为_____。

2. 在 Windows Server 2012 R2 系统中，活动目录存放在_____中。

3. 在 Windows Server 2012 R2 系统中安装_____后，计算机即成为一台域控制器。

4. 同一个域中的域控制器的地位是_____。在域树中，子域和父域的信任关系是_____。独立服务器上安装了_____就升级为域控制器。

5. Windows Server 2012 R2 服务器的 3 种角色是_____、_____、_____。

6. 活动目录的逻辑结构包括_____、_____、_____和_____。

7. 物理结构的 3 个重要概念是_____、_____和_____。

8. 无论 DNS 服务器服务是否与 AD DS 集成，都必须将其安装在部署的 AD DS 目录林根级域的第_____个域控制器上。

9. Active Directory 数据库文件保存在_____。

10. 解决在 DNS 服务器中未能正常注册 SRV 记录的问题，需要重新启动_____服务。

二、判断题

1. 在一台 Windows Server 2012 R2 计算机上安装 AD 后，计算机就成了域控制器。（   ）
2. 客户机在加入域时，需要正确设置首选 DNS 服务器地址，否则无法加入。   （   ）
3. 在一个域中，至少有一个域控制器（服务器），也可以有多个域控制器。   （   ）
4. 管理员只能在服务器上对整个网络实施管理。   （   ）
5. 域中所有账户信息都存储于域控制器中。   （   ）
6. OU 是可以应用组策略和委派责任的最小单位。   （   ）
7. 一个 OU 只指定一个受委派管理员，不能为一个 OU 指定多个管理员。   （   ）
8. 同一域林中的所有域都显式或者隐式地相互信任。   （   ）
9. 一个域目录树不能称为域目录林。   （   ）

三、简答题

1. 什么时候需要安装多个域树？
2. 简述什么是活动目录、域、活动目录树和活动目录林。
3. 简述什么是信任关系。
4. 为什么在域中常常需要 DNS 服务器？

5. 活动目录中存放了什么信息？

2.5 项目实训 部署与管理 Active Directory 域服务环境

一、实训目的

- 掌握规划和安装局域网中的活动目录。
- 掌握创建目录林根级域的方法与技巧。
- 掌握安装额外域控制器的方法和技巧。
- 掌握创建子域的方法和技巧。
- 掌握创建双向可传递的林信任的方法和技巧。
- 掌握备份与恢复活动目录的方法与技巧。
- 掌握将服务器 3 种角色相互转换的方法和技巧。

2-11 实训项目
部署与管理
Active Directory
域服务环境

二、项目环境

随着公司的发展壮大，已有的工作组式的网络已经不能满足公司的业务需要。经过多方论证，确定了公司的服务器的拓扑结构，如图 2-48 所示。

图 2-48 项目实训网络拓扑图

三、项目要求

根据图 2-48 所示的公司域环境示意图，构建满足公司需要的域环境。具体要求如下。

① 创建域 long.com，域控制器的计算机名称为 WIN2012-1。

② 检查安装后的域控制器。

③ 安装域 long.com 的额外域控制器，域控制器的计算机名称为 WIN2012-2。

④ 创建子域 china.long.com，其域控制器的计算机名称为 WIN2012-3，成员服务器的计算机名称为 WIN2012-4。

⑤ 创建域 smile.com，域控制器的计算机名称为 Server1。

⑥ 创建 long.com 和 smile.com 双向可传递的林信任关系。

⑦ 备份 smile.com 域中的活动目录，并利用备份进行恢复。

⑧ 建立组织单位 sales，在其下建立用户 testdomain，并委派对 OU 的管理。

四、做一做

根据项目实训录像进行项目的实训，检查学习效果。

项目 3
管理用户账户和组

　　当安装完操作系统并完成操作系统的环境配置后，管理员应规划一个安全的网络环境，为用户提供有效的资源访问服务。Windows Server 2012 R2 通过建立账户（包括用户账户和组账户）并赋予账户合适的权限，保证使用网络和计算机资源的合法性，以确保数据访问、存储和交换服从安全需要。

　　如果是单纯工作组模式的网络，需要使用"计算机管理"工具来管理本地用户和组；如果是域模式的网络，则需要通过"Active Directory 管理中心"和"Active Directory 用户和计算机"工具管理整个域环境中的用户和组。

本项目学习要点

- 理解管理用户账户。
- 掌握本地账户和组的管理。
- 掌握一次同时添加多个用户账户。

- 掌握管理域组账户。
- 掌握组的使用原则。

3.1 项目基础知识

　　域系统管理员需要为每一个域用户分别建立一个用户账户，让他们可以利用这个账户来登录域、访问网络上的资源。域系统管理员同时需要了解如何有效利用组，以便高效地管理资源的访问。

　　域系统管理员可以利用 Active Directory 管理中心或 Active Directory 用户和计算机管理控制台来建立与管理域用户账户。当用户利用域用户账户登录域后，便可以直接连接域内的所有成员计算机，访问有权访问的资源。换句话说，域用户在一台域成员计算机上成功登录后，当他要连接域内的其他成员计算机时，并不需要再登录到被访问的计算机，这个功能称为单点登录。

> **提示**　本地用户账户并不具备单点登录的功能，也就是说，利用本地用户账户登录后，当要再连接其他计算机时，需要再次登录到被访问的计算机。

　　在服务器还没有升级为域控制器之前，原本位于其本地安全数据库内的本地账户，会在升级为域控制器后被转移到 AD DS 数据库内，并且是被放置到 Users 容器内的，可以通过 Active

Directory 管理中心来查看原本地账户变化情况，如图 3-1 所示（可先单击上方的树视图图标），同时这台服务器的计算机账户会被放置到图 3-1 中的组织单位（Domain Controllers）内。其他加入域的计算机账户默认会被放置到图 3-1 中的容器（Computers）内。

图 3-1　Active Directory 管理中——树视图

升级为域控制器后，也可以通过 Active Directory 用户和计算机来查看本地账户的变化情况，如图 3-2 所示。

图 3-2　Active Directory 用户和计算机

只有在建立域内的第 1 台域控制器时，该服务器原来的本地账户才会被转移到 AD DS 数据库，其他域控制器原有的本机账户并不会被转移到 AD DS 数据库，而是被删除。

3.1.1　规划新的用户账户

Windows Server 2012 R2 支持两种用户账户：域账户和本地账户。域账户可以登录到域上，并获得访问该网络的权限；本地账户则只能登录到一台特定的计算机上，并访问其资源。

遵循以下规则和约定可以简化账户创建后的管理工作。

1. 命名约定

- 账户名必须唯一：本地账户必须在本地计算机上唯一。

- 账户名不能包含以下字符: *、;、?、/、\、[、]、:、|、=、,、+、<、>、"。
- 账户名最长不能超过 20 个字符。

2. 密码原则

- 一定要给 Administrator 账户指定一个密码,以防止他人随便使用该账户。
- 确定是管理员还是用户拥有密码的控制权。用户可以给每个用户账户指定一个唯一的密码,并防止其他用户对其进行更改,也可以允许用户在第一次登录时输入自己的密码。一般情况下,用户应该可以控制自己的密码。
- 密码不能太简单,应该不容易让他人猜出。
- 密码最多可由 128 个字符组成,推荐最小长度为 8 个字符。
- 密码应由大小写字母、数字以及合法的非字母数字的字符混合组成,如 "P@$$word"。

3.1.2 本地用户账户

本地用户账户仅允许用户登录并访问创建该账户的计算机。当创建本地用户账户时,Windows Server 2012 R2 仅在 %Systemroot%\system32\config 文件夹下的安全数据库(SAM)中创建该账户,如 C:\Windows\system32\config\sam。

Windows Server 2012 R2 默认只有 Administrator 账户和 Guest 账户。Administrator 账户可以执行计算机管理的所有操作;而 Guest 账户是为临时访问用户设置的,默认是禁用的。

Windows Server 2012 R2 为每个账户提供了名称,如 Administrator、Guest 等,这些名称是为了方便用户记忆、输入和使用的。在本地计算机中的用户账户是不允许相同的。而系统内部则使用安全标识符(Security Identifier,SID)来识别用户身份,每个用户账户都对应一个唯一的安全标识符,这个安全标识符在用户创建时由系统自动产生。系统指派权利、授权资源访问权限等都需要使用安全标识符。当删除一个用户账户后,重新创建名称相同的账户并不能获得先前账户的权利。用户登录后,可以在命令提示符状态下输入 "whoami /logonid" 命令查询当前用户账户的安全标识符。

3.1.3 本地组概述

对用户进行分组管理可以更加有效并且灵活地分配设置权限,以方便管理员对 Windows Server 2012 R2 的具体管理。如果计算机被安装为成员服务器(而不是域控制器),将自动创建一些本地组。如果将特定角色添加到计算机,还将创建额外的组,用户可以执行与该组角色相对应的任务。例如,如果计算机被配置成 DHCP 服务器,将创建管理和使用 DHCP 服务的本地组。

可以在"计算机管理"管理单元的"本地用户和组"下的"组"文件夹中查看默认组。常用的默认组包括以下几种:Administrators、Backup Operators、Guests、ower Users、Print Operators、Remote Desktop Users、Users。

除了上述默认组以及管理员自己创建的组外,系统中还有一些特殊身份的组:Anonymous Logon、Everyone、Network、Interactive。

3.1.4 创建组织单位与域用户账户

可以将用户账户创建到任何一个容器或组织单位内。下面先建立名称为"网络部"的组织单位，然后在其内建立域用户账户 Rose、Jhon、Mike、Bob、Alice。

创建组织单位"网络部"的方法为：依次单击"开始"→"管理工具"→"Active Directory 管理中心"（或 Active Directory 用户和计算机），打开"Active Directory 管理中心"窗口，用鼠标右键单击"域名"，再单击"新建"→"组织单位"，打开图 3-3 所示的"创建 组织单位：网络部"窗口，输入组织单位名称"网络部"，然后单击"确定"按钮。

3-1 创建组织单位与域用户账户

> **注意** 图 3-3 中默认已经勾选"防止意外删除"，因此无法将此组织单位删除，除非取消勾选此选项。若是使用 Active Directory 用户和计算机：则选择"查看"菜单中的"高级功能"，选中此组织单位并单击鼠标右键，选择"属性"，取消勾选"对象"选项卡下的"防止对象被意外删除"，如图 3-4 所示。

图 3-3 在"Active Directory 管理中心"创建组织单位

图 3-4 "对象"选项卡

在组织单位"网络部"内建立用户账户 Rose 的方法为：选中组织单位"网络部"并单击鼠标右键，选择"新建用户"。注意域用户的密码默认需要至少 7 个字符，且不可包含用户账户名称（指用户 SamAccountName）或全名，至少要包含 A～Z、a-z、0～9、非字母数字（如!、\$、≠）、%）4 组字符中的 3 组。例如，P@ssw0rd 是有效的密码，而 ABCDEF 是无效的密码。若要修改此默认值，请参考后面相关章节。依次类推，在该组织单位内创建 Jhon、Mike、Bob、Alice 等 4 个账户（如果 Mike 账户已经存在，请将其移动到"网络部"组织单位）。

3.1.5 用户登录账户

域用户可以到域成员计算机上（域控制器除外）利用两种账户来登录域，它们分别是图 3-5 中的用户 UPN 登录与用户 SamAccountName 登录。一般的域用户默认是无法在域控制器上登录的

（Alice 用户是在"Active Directory 管理中心"控制台打开的）。

图 3-5　Alice 域账户属性

- 用户 UPN 登录。UPN（User Principal Name）的格式与电子邮件账户相同，例如，图 3-5
  中的 Alice@long.com 这个名称只能在隶属于域的计算机上登录域时使用，如图 3-6 所示。
  在整个林内，这个名称必须是唯一的。

> **注意**　请在 MS1 成员服务器上登录域，默认一般域用户不能在域控制器上本地登录，除非赋
> 予其"允许本地登录"权限。

- UPN 并不会随着账户被移动到其他域而改变，例如，用户 Alice 的用户账户位于　long.com
  域内，其默认的 UPN 为 Alice@long.com，之后即使此账户被移动到林中的另一个域内，
  如 smile.com 域，其 UPN 仍然是 Alice@long.com，并没有被改变，因此 Alice 仍然可以
  继续使用原来的 UPN 登录。
- 用户 SamAccountName 登录。图 3-5 中的 long\Alice 是旧格式的登录账户。Windows
  2000 之前版本的旧客户端需要使用这种格式的名称来登录域。在隶属于域的 Windows
  2000（含）之后的计算机上也可以采用这种名称来登录，如图 3-7 所示。在同一个域内，
  这个名称必须是唯一的。

图 3-6　用户 UPN 登录

图 3-7　用户 SamAccountName 登录

> **提示**　在"Active Directory 用户和计算机"管理控制台中，上述用户 UPN 登录与用户
> SamAccountName 登录分别被称为用户登录名称与用户登录名称（Windows
> 2000 之前的版本）。

3.1.6　创建 UPN 的后缀

用户账户的 UPN 后缀默认是账户所在域的域名。例如，用户账户被建立在 long.com 域内，则其 UPN 后缀为 long.com。在下面这些情况下，用户可能希望能够改用其他替代后缀。

- 因 UPN 的格式与电子邮件账户相同，故用户可能希望其 UPN 可以与电子邮件账户相同，以便让其无论是登录域还是收发电子邮件，都可使用一致的名称。
- 若域树状目录内有多层子域，则域名会太长，如 network.jinab.long.com，故 UPN 后缀也会太长，这将造成用户在登录时的不便。

可以通过新建 UPN 后缀的方式来让用户拥有替代后缀，步骤如下。

STEP 1　单击"开始"→"管理工具"→"Active Directory 域和信任关系"，如图 3-8 所示，单击 Active Directory 域和信任关系后，单击上方的属性图标。

STEP 2　在图 3-9 中输入替代的 UPN 后缀后单击"添加"按钮并单击"确定"按钮。后缀不一定是 DNS 格式，例如，可以是 smile.com，也可以是 smile。

图 3-8　Active Directory 域和信任关系

图 3-9　添加 UPN 后缀

STEP 3　完成后，就可以通过 Active Directory 管理中心（或 Actwe Directory 用户和计算机）管理控制台来修改用户的 UPN 后缀，此例修改为 smile，如图 3-10 所示。请在成员服务器 MS1 上以 alice@smile 登录域，看是否登录成功。

图 3-10　修改用户 UPN 登录

3.1.7 域用户账户的一般管理

一般管理是指重设密码、禁用（启用）账户、移动账户、删除账户、更改登录名称与解除锁定等。可以单击想要管理的用户账户（例如，图 3-11 中的 Alice），然后通过右侧的选项来设置。

图 3-11　Active Directory 管理中心

- 重置密码。当用户忘记密码或密码使用期限到期时，系统管理员可以为用户设置一个新的密码。
- 禁用账户（或启用账户）。若某位员工因故在一段时间内无法来上班的话，就可以先将该员工的账户禁用，待该员工回来上班后，再将其重新启用。若用户账户已被禁用，则该用户账户图形上会有一个向下的箭头符号（例如，图 3-11 中的用户 mike）。
- 移动账户。可以将账户移动到同一个域内的其他组织单位或容器。
- 重命名：重命名以后（可选中用户账户并单击鼠标右键，选择"属性"），该用户原来拥有的权限与组关系都不会受到影响。例如，当某员工离职时，可以暂时先将其用户账户禁用，等到新进员工来接替他的工作时，再将此账户名称改为新员工的名称，重新设置密码，更改登录账户名称，修改其他相关个人信息，然后再重新启用此账户。

> **说明** ① 在每一个用户账户创建完成之后，系统都会为其建立一个唯一的安全标识符（Security Identifier，SID），而系统是利用这个 SID 来代表该用户的，同时权限设置等都是通过 SID 来记录的，并不是通过用户名称。例如，在某个文件的权限列表内，它会记录哪些 SID 具备哪些权限，而不是哪些用户名称拥有哪些权限。
> ② 由于用户账户名称或登录名称更改后，其 SID 并没有被改变，因此用户的权限与组关系都不变。
> ③ 可以双击用户账户或右方的属性来更改用户账户名称与登录名称等相关设置。

- 删除账户。若这个账户以后再也用不到的话，就可以将此账户删除。将账户删除后，即使再新建一个相同名称的用户账户，此新账户也不会继承原账户的权限与组关系，因为系统会给予这个新账户一个新的 SID，而系统是利用 SID 来记录用户的权限与组关系的，不是利用账户名称，因此对于系统来说，这是两个不同的账户，当然就不会继承原账户的权限与组关系。

- 解除被锁定的账户。可以通过组策略管理器的账户策略来设置用户输入密码失败多少次后，就将此账户锁定，而系统管理员可以利用下面方法来解除锁定：双击该用户账户，单击图 3-12 中的"解锁账户"（只有账户被锁定后才会有此选项）。

图 3-12　bob 账户

> **提示**　设置账户策略的参考步骤如下：在组策略管理器中右键单击"Default Domain Policy GPO"（或其他域级别的 GPO）→选择"编辑"命令，展开"计算机配置"→"策略"→"Windows 设置"→"安全设置"→"账户策略"。项目 4 中会有详细介绍。

3.1.8　设置域用户账户的属性

每一个域用户账户内都有一些相关的属性信息，如地址、电话与电子邮件地址等，域用户可以通过这些属性来查找 AD DS 数据库内的用户。例如，通过电话号码来查找用户。因此为了更容易地找到所需的用户账户，这些属性信息应该越完整越好。将通过 Active Directory 管理中心来介绍用户账户的部分属性，请先双击要设置的用户账户 Alice。

1. 设置组织信息

组织信息就是指显示名称、职务、部门、地址、电话、电子邮件、网页等，如图 3-13 中的"组织"节点所示，这部分的内容都很简单，请自行浏览这些字段。

2. 设置账户过期

如图 3-14 所示，在"账户"节点内的"账户过期"选项区中设置账户的有效期限，默认为"从不"，要设置过期时间，请单击结束日期，然后输入格式为 yyyy/m/d 的过期日期即可。

3. 设置登录时段

登录时段用来指定用户可以登录到域的时间段，默认是任何时间段都可以登录域，若要改变设置，请单击图 3-15 中的"登录小时"，然后在"登录小时数"对话框中设置。"登录小时数"对话框中横轴的每一方块代表一小时，纵轴每一方块代表一天，填满方块与空白方块分别代表允许与不允许登录的时间段，默认开放所有时间段。选好时段后，单击允许登录或拒绝登录来允许或拒绝用户在上述时间段登录。下例允许 Alice 在工作时间：周一～周五 8:00—18:00 登录。

图 3-13　组织信息

图 3-14　账户过期

图 3-15　允许 Alice 在工作时间登录

4. 限制用户只能够通过某些计算机登录

一般域用户默认可以利用任何一台域成员计算机（域控制器除外）来登录域，不过也可以通过下面方法来限制用户只可以利用某些特定计算机来登录域：单击图 3-16 中的"登录到"，在"登录到"对话框中选中"下列计算机"，输入计算机名称后单击"添加"按钮，计算机名称可为 NetBIOS 名称（如 ms1）或 DNS 名称（如 ms1.long.com）。

图 3-16　限制 Alice 只能在 ms1 上登录

3.1.9　域组账户

如果能够使用组（Group）来管理用户账户，就必定能够减轻许多网络管理负担。例如，针对网络部组设置权限后，此组内的所有用户都会自动拥有此权限，因此就不需设置每一个用户。

> **注意**　域组账户也都有唯一的安全标识符。命令 whoami/usesr 显示当前用户的信息和安全标识符；whoami/groups 显示当前用户的组成员信息、账户类型、安全标识符和属性；whoami/?显示该命令的常见用法。

1. 域内的组类型

AD DS 的域组分为下面两种类型，且它们之间可以相互转换。

- 安全组（Security Group）。它可以被用来分配权限与权利，例如，可以指定安全组对文件具备读取的权限。它也可以用在与安全无关的工作上，例如，可以给安全组发送电子邮件。
- 通信组（Distribution Group）。它被用在与安全（权限与权利设置等）无关的工作上，例如，可以给通信组发送电子邮件，但是无法为通信组分配权限与权利。

2. 组的使用范围

从组的使用范围来看，域内的组分为本地域组（Domain Local Group）、全局组（Global Group）、通用组（Universal Group）3 种，见表 3-1。

表 3-1　组的使用范围

特性 \ 组	本地域组	全局组	通用组
可包含的成员	所有域内的用户、全局组、通用组；相同域内的本地域组	相同域内的用户与全局组	所有域内的用户、全局组、通用组
可以在哪一个域内被分配权限	同一个域	所有域	所有域
组转换	可以被转换成通用组（只要原组内的成员不包含本地域组即可）	可以被转换成通用组（只要原组不隶属于任何一个全局组即可）	可以被换成本地域组；可以被转换成全局组（只要原组内的成员不含通用组即可）

（1）本地域组

它主要被用来分配其所属域内的访问权限，以便可以访问该域内的资源。

- 其成员可以包含任何一个域内的用户、全局组、通用组；也可以包含相同域内的本地域组；但无法包含其他域内的本地域组。
- 本地域组只能够访问该域内的资源，无法访问其他不同域内的资源；换句话说，在设置权限时，只可以设置相同域内的本地域组的权限，无法设置其他不同域内的域本地组的权限。

（2）全局组

它主要用来组织用户，也就是可以将多个即将被赋予相同权限（权利）的用户账户，加入同一个全局组内。

- 全局群组内的成员，只可以包含相同域内的用户与全局组。
- 全局组可以访问任何一个域内的资源，也就是说，可以在任何一个域内设置全局组的权限（这个全局组可以位于任何一个城内），以便让此全局组具备权限来访问该域内的资源。

（3）通用组

- 可以在所有域内为通用组分配访问权限，以便访问所有域内的资源。
- 通用组具备万用领域的特性，其成员可以包含林中任何一个城内的用户、全局组，通用组。但是它无法包含任何一个域内的本地域组。
- 通用组可以访问任何一个域内的资源，也就是说，可以在任何一个域内设置通用组的权限（这个通用组可以位于任何一个域内），以便让此通用组具备权限来访问该域内的资源。

3.1.10　建立与管理域组账户

1. 组的新建、删除与重命名

要创建域组时，可选择"开始"→"管理工具"→"Active Directory 管理中心"，展开域名，单击容器或组织单位，单击右侧任务窗格的新建→组，然后在图 3-17 中输入组名、输入供旧版操作系统访问的组名、选择组类型与组范围等。若要删除组：则选中组账户并单击鼠标右键，选择"删除"即可。

2. 添加组的成员

将用户、组等加入组内的方法为：单击成员节点右侧的"添加"→"高级"→"立即查找"，选取要被加入的成员（按 Shift 键或 Ctrl 键可同时选择多个账户），单击"确定"按钮。本例将 Alice、

Bob、Jhon 加入东北组，如图 3-18 所示。

图 3-17　创建组

图 3-18　添加组成员

3. AD DS 内置的组

AD DS 有许多内置组，它们分别隶属于本地域组、全局组、通用组与特殊组。

（1）内置的本地域组

这些本地域组本身已被赋予了一些权利与权限，以便让其具备管理 AD DS 域的能力。只要将用户或组账户加入这些组内，这些账户也会自动具备相同的权利与权限。下面是 Builtin 容器内常用的本地域组。

- Account Operators。其成员默认可在容器与组织单位内添加/删除/修改用户、组与计算机账户，不过部分内置的容器例外，如 Builtin 容器与 Domain Controllers 组织单位，同时也不允许在部分内置的容器内添加计算机账户，如 Users。他们也无法更改大部分组的成员，如 Administrators 等。

- Administrators。其成员具备系统管理员权限。他们对所有域控制器拥有最大控制权，可以执行 AD DS 管理工作。内置系统管理员 Administrator 就是此组的成员，而且无法将其从此组内删除。此组默认的成员包括 Administrator、全局组 Domain Admins、通用组 Enterprise Admins 等。

- Backup Operators。其成员可以通过 Windows Server Backup 工具来备份与还原域控制器内的文件，不管他们是否有权限访问这些文件。其成员也可以对域控制器执行关机操作。
- Guests。其成员无法永久改变其桌面环境，当他们登录时，系统会为他们建立一个临时的用户配置文件，而注销时，此配置文件就会被删除。此组默认的成员为用户账户 Guest 与全局组 Domain Guests。
- Network Configuration Operators。其成员可在域控制器上执行常规网络配置工作，如变更 IP 地址，但不可以安装、删除驱动程序与服务，也不可执行与网络服务器配置有关的工作，如 DNS 与 DHCP 服务器的设置。
- Performance Monitor Users。其成员可监视域控制器的运行情况。
- Pre-Windows 2000 Compatible Access：此组主要是为了与 Windows NT 4.0（或更旧的系统）兼容。其成员可以读取 AD DS 域内的所有用户与组账户。其默认的成员为特殊组 Authenticated Users。只有在用户的计算机是 Windows NT 4.0 或更早版本的系统时，才将用户加入此组内。
- Print Operators。其成员可以管理域控制器上的打印机，也可以将域控制器关闭。
- Remote Desktop Users。其成员可从远程计算机通过远程桌面来登录。
- Server Operators：其成员可以备份与还原域控制器内的文件；锁定与解锁域控制器；将域控制器上的硬盘格式化；更改域控制器的系统时间；将域控制器关闭等。
- Users。其成员仅拥有一些基本权限，如执行应用程序，但是他们不能修改操作系统的设置、不能修改其他用户的数据、不能将服务器关闭。此组默认的成员为全局组 Domain Users。

（2）内置的全局组

AD DS 内置的全局组本身并没有任何的权利与权限，但是可以将其加入具备权利或权限的域本地组，或另外直接分配权利或权限给此全局组。这些内置全局群组位于 Users 容器内。

下面列出了较常用的全局组。

- Domain Admins。域成员计算机会自动将此组加入其本地组 Administrators 内，因此 Domain Admins 组内的每一个成员，在域内的每一台计算机上都具备系统管理员权限。此组默认的成员为域用户 Administrator。
- Domain Computers。所有的域成员计算机（域控制器除外）都会被自动加入此组内。我们会发现 MS1 就是该组的一个成员。
- Domain Controllers。域内的所有域控制器都会被自动加入此群内。
- Domain Users。域成员计算机会自动将此组加入其本地组 Users 内，因此 Domain Users 内的用户将享有本地组 Users 拥有的权利与权限，如拥有允许本机登录的权利。此组默认的成员为域用户 Administrator，而以后新建的域用户账户都自动隶属于此组。
- Domain Guests。域成员计算机会自动将此组加入本地组 Guests 内。此组默认的成员为域用户账户 Guest。

（3）内置的通用组

- Enterprise Admins。此组只存在于林根域，其成员有权管理林内的所有域。此组默认的成员为林根域内的用户 Administrator。
- Schema Admins。此组只存在于林根域，其成员具备管理架构（Schema）的权利。此组默认的成员为林根域内的用户 Administrator。

4. 特殊组账户

除了前面介绍的组之外，还有一些特殊组，而用户无法更改这些特殊组的成员。下面列出了几个经常使用的特殊组。

- Everyone。任何一位用户都属于这个组。若 Guest 账户被启用，则在分配权限给 Everyone 时需小心，因为若某位在计算机内没有账户的用户，通过网络来登录这台计算机，他就会被自动允许利用 Guest 账户来连接，此时因为 Guest 也隶属于 Everyone 组，所以他将具备 Everyone 拥有的权限。
- Authenticated Users。任何利用有效用户账户来登录此计算机的用户，都隶属于此组。
- Interactive。任何在本机登录（按"Ctrl + Alt + Del"登录）的用户，都隶属于此组。
- Network。任何通过网络来登录此计算机的用户，都隶属于此组。
- Anonymous Logon。任何未利用有效的普通用户账户来登录的用户，都隶属于此组。Anonymous Logon 默认并不隶属于 Everyone 组。
- Dialup。任何利用拨号方式连接的用户，都隶属于此组。

3.1.11 掌握组的使用原则

为了让网络管理更为容易，同时为了减少以后维护的负担，在利用组来管理网络资源时，建议尽量采用下面的原则，尤其是大型网络。

- A、G、DL、P 原则。
- A、G、G、DL、P 原则。
- A、G、U、DL、P 原则。
- A、G、G、U、DL、P 原则。

其中，A 代表用户账户（User Account），G 代表全局组（Global Group），DL 代表本地域组（Domain Local Group），U 代表通用组（Universal Group），P 代表权限（Permission）。

1. A、G、DL、P 原则

A、G、DL、P 原则就是先将用户账户（A）加入全局组（G），再将全局群组加入本地域组（DL）内，然后设置本地域组的权限（P），如图 3-19 所示。例如，只要针对图 3-19 中的本地域组设置权限，则隶属于该域本地组的全局组内的所有用户都自动具备该权限。

图 3-19　A、G、DL、P 原则

例如，若甲域内的用户需要访问乙域内的资源，则由甲域的系统管理员负责在甲域建立全局组，将甲域用户账户加入此组内；而乙域的系统管理员则负责在乙域建立本地域组，设置此组的权限，然后将甲域的全局群组加入此组内；之后由甲域的系统管理员负责维护全局组内的成员，而乙域的系统管理员则负责维护权限的设置，从而将管理的负担分散。

2. A、G、G、DL、P 原则

A、G、G、DL、P 原则就是先将用户账户（A）加入全局组（G），将此全局组加入另一个全局组（G）内，再将此全局组加入本地域组（DL）内，然后设置本地域组的权限（P），如图 3-20 所示。图 3-20 中的全局组（G3）内包含 2 个全局组（G1 与 G2），它们必须是同一个域内的全局组，因为全局组内只能够包含位于同一个域内的用户账户与全局组。

图 3-20　A、G、G、DL、P 原则

3. A、G、U、DL、P 原则

图 3-20 所示的全局组 G1 与 G2 若不是与 G3 在同一个域内，则无法采用 A、G、G、DL、P 原则，因为全局组（G3）内无法包含位于另外一个域内的全局组，此时需将全局组 G3 改为通用组，也就是需要改用 A、G、U、DL、P 原则（见图 3-21），此原则是先将用户账户（A）加入全局组（G），将此全局组加入通用组（U）内，再将此通用组加入本地域组（DL）内，然后设置本地域组的权限（P）。

图 3-21　A、G、U、DL、P 原则

4. A、G、G、U、DL、P 原则

A、G、G、U、DL、P 原则与前面 2 种类似，在此不再重复说明。

也可以不遵循以上的原则来使用组，不过会有一些缺点，例如，可以执行以下操作。

- 直接将用户账户加入本地域组内，然后设置此组的权限。它的缺点是无法在其他域内设置此本地域组的权限，因为本地域组只能够访问所属域内的资源。

- 直接将用户账户加入全局组内，然后设置此组的权限。它的缺点是，如果网络内包含多个域，

而每个域内都有一些全局组需要对此资源具备相同的权限，则需要分别为每一个全局组设置权限，这种方法比较浪费时间，会增加网络管理的负担。

3.2 项目设计及准备

本项目所有实例都部署在图 3-22 所示的域环境下。

操作系统：Windows Server 2012 R2
角色：第1台域控制器
& DNS服务器
主机名：dcl.long.com
IP地址：192.168.10.1/24
DNS：192.168.10.1

角色：第2台域控制器
主机名：dc2.long.com
IP地址：192.168.10.2/24
DNS：192.168.10.1
操作系统：Windows Server 2012 R2

long.com

角色：第3台域控制器(RODC)
主机名：dc3.long.com
IP地址：192.168.10.3/24
DNS：192.168.10.1
操作系统：Windows Server 2012 R2

角色：成员服务器
主机名：ms1.long.com
IP地址：192.168.10.4/24
DNS：192.168.10.1
操作系统：Windows Server 2012 R2

角色：加入域的客户机
主机名：Win10PC.long.com
IP地址：192.168.10.5/24
DNS：192.168.10.1
操作系统：Windows 10

图 3-22　网络规划拓扑图

在本次项目实训中，会用到域树中的部分内容，而不是全部，在每一个任务中会特别交待需要的网络拓扑结构。本项目需要完成如下任务：使用 Csvde 批量创建用户、管理将计算机加入域的权限、使用 A、G、U、D、L、P 原则管理域组（需要用到林环境,使用单独网络拓扑图）。

3.3 项目实施

下面开始实施具体任务，实施任务的顺序遵循由简到难的原则，先进行"域用户的导入与导出"。

任务 3-1　使用 A、G、U、D、L、P 原则管理域组

3.1.11 节中讲到，A、G、U、DL、P 原则是先将用户账户（A）加入全局组（G），将此全局组加入通用组（U）内，再将此通用组加入本地域组（DL）内，然后设置本地域组的权限（P）。下面介绍应用该原则的例子。

1. 任务背景

未名公司目前正在实施某工程，该工程需要总公司工程部和分公司工程部协同，需要创建一个共享目录，供总公司工程部和分公司工程部共享数据，公司决定在子域控制器 beijing.long.com 上临时创建共享目录 projects_share。请通过

3-2　使用 Csvde
批量创建用户

3-3　使用
AGUDLP 原则
管理域组

权限分配使总公司工程部和分公司工程部用户对共享目录有写入和删除权限。网络拓扑图如图 3-23 所示。

图 3-23　运行 A、G、U、D、L、P 原则管理组示意图

2．任务分析

为本项目创建的共享目录需要对总公司工程部和分公司工程部用户配置写入和删除权限。解决方案如下。

① 在总公司 DC1 和分公司 DC2 上创建相应工程部员工用户。

② 在总公司 DC1 上创建全局组 project_long_Gs，并将总公司工程部用户加入该全局组；在分公司上创建全局组 project_beijingj_Gs，并将分公司工程部用户加入该全局组。

③ 在总公司 DC1（林根）上创建通用组 project_long_Us，并将总公司和分公司的工程全局组配置为成员。

④ 在子公司 DC2 上创建本地域组 project_beijing_DLs，并将通用组 project_long-Us 加入本地域组。

⑤ 创建共享目录 projects_share，配置本地域组权限为读写权限。

实施后面临的问题如下。

① 总公司工程部员工新增或减少。

总公司管理员直接对工程部用户进行 project_long_Gs 全局组的加入与退出。

② 分公司工程部员工新增或减少。

分公司管理员直接对工程部用户进行 project_beijing_Gs 全局组的加入与退出。

3．任务实施

STEP 1 在总公司 DC1 上创建 Project OU，在总公司的 Project OU 中创建 Project_userA 和 Project_userB 工程部员工用户，如图 3-24 所示。

STEP 2 在分公司 DC2 创建 Project OU，在分公司的 Project OU 中创建 Project_user1 和 Project_user2 工程部员工用户，如图 3-25 所示。

STEP 3 在总公司 DC1 创建全局组 project_long_Gs，并将总公司工程部用户加入该全局组，如图 3-26 所示。

STEP 4 在分公司 DC2 上创建全局组 project_beijing_Gs，并将分公司工程部用户加入该

全局组，如图 3-27 所示。

图 3-24　在父域上创建工程部员工

图 3-25　在子域上创建工程部员工

图 3-26　将父域工程部用户添加到组

图 3-27　将子域工程部用户添加到组

STEP 5　在总公司 DC1(林根)上创建通用组 project_long_Us，并将总公司和分公司的工程部全局组配置为成员（由于在不同域中，加入时注意"位置"信息），如图 3-28 所示。

STEP 6 在子公司 beijing 的 DC2 上创建本地组 project_beijing_DLs，并将通用组 project_long_Us 加入本地组，如图 3-29 所示。

图 3-28　将全局组添加到通用组

图 3-29　将通用组添加到域本地组

STEP 7 在 DC2 上创建共享目录 projects_share。如图 3-30 所示，在下拉列表中选择查找个人，找到域本地组 project_beijing_DLs 并添加，将读写的权限赋予该本地域组，然后单击"共享"按钮，最后单击"完成"按钮完成共享目录的设置。

图 3-30　设置共享文件夹的共享权限

注意　权限设置还可以结合 NTFS 权限，详细内容请参考相关书籍，在此不再赘述。

STEP 8 总公司工程部员工新增或减少：总公司管理员直接对工程部用户进行 project_long_Gs 全局组的加入与退出。

STEP 9 分公司工程部员工新增或减少：分公司管理员直接对工程部用户进行 project_beijing_Gs 全局组的加入与退出。

4．测试验证

STEP 1 在客户机 MS1 上，用鼠标右键单击"开始"菜单，选择"运行"，输入 UNC 路径 \\dc2.beijing.long.com\projects_share，在弹出的凭据对话框中输入总公司域用户 Project_userA@long.com 及密码，能够成功读取写入文件，如图 3-31 所示。

图 3-31　访问共享目录

STEP 2 注销 MS1 客户机，重新登录后，使用分公司域用户 Project_user1@beijing. long.com 访问\\dc2.beijing.long.com\projects_share 共享，能够成功读取写入文件，如图 3-32 所示。

图 3-32　访问共享目录

STEP 3 再次注销 MS1 客户机，重新登录后，使用总公司域用户 Alice@long.com 访问 \\dc2.beijing.long.com\projects_share 共享，提示没有访问权限，因为 Alice 用户不是工程部用户，如图 3-33 所示。

图 3-33　提示没有访问权限

任务 3-2　在成员服务器上管理本地账户和组

1．创建本地用户账户

用户可以在 ms1 上以本地管理员账户登录计算机，使用"计算机管理"中的"本地用户和组"管理单元来创建本地用户账户，而且用户必须拥有管理员权限。创建本地用户账户 student1 的步骤如下。

STEP 1 单击"开始"→"管理工具"→"计算机管理"命令，打开"计算机管理"窗口。

STEP 2 在"计算机管理"窗口中，展开"本地用户和组"，在"用户"目录上单击鼠标右键，在弹出的快捷菜单中选择"新用户"选项，如图 3-34 所示。

图 3-34　选择"新用户"选项

STEP 3 打开"新用户"对话框，输入用户名、全名、描述和密码，如图 3-35 所示。可以设置密码选项，包括"用户下次登录时须更改密码""用户不能更改密码""密码永不过期""账户已禁用"等。设置完成后，单击"创建"按钮新增用户账户。创建完用户后，单击"关闭"按钮，返回"计算机管理"窗口。

有关密码的选项如下。

* 密码：要求用户输入密码，系统用"*"显示。
* 确认密码：要求用户再次输入密码，以确认输入正确与否。
* 用户下次登录时须更改密码：要求用户下次登录时必须修改该密码。
* 用户不能更改密码：通常用于多个用户共用一个用户账户，如 Guest 等。
* 密码永不过期：通常用于 Windows Server 2012 R2 的服务账户或应用程序所使用的用户账户。
* 账户已禁用：禁用用户账户。

图 3-35　"新用户"对话框

2. 设置本地用户账户的属性

用户账户不只包括用户名和密码等信息，为了管理和使用方便，一个用户还包括其他属性，如用户隶属的用户组、用户配置文件、用户的拨入权限、终端用户设置等。

在"本地用户和组"的右窗格中，双击刚刚建立的 student1 用户，打开图 3-36 所示的"student1 属性"对话框。

（1）"常规"选项卡

可以设置与账户有关的描述信息，如全名、描述、账户选项等。管理员可以设置密码选项或禁用账户。如果账户已经被系统锁定，管理员可以解除锁定。

（2）"隶属于"选项卡

在"隶属于"选项卡中，可以设置将该账户加入其他本地组中。为了管理方便，通常都需要为用户组（见图3-37）分配与设置权限。用户属于哪个组，就具有该用户组的权限。新增的用户账户默认加入users组，users组的用户一般不具备一些特殊权限，如安装应用程序、修改系统设置等。所以当要分配给这个用户一些权限时，可以将该用户账户加入其他组，也可以单击"删除"按钮，将用户从一个或几个用户组中删除。例如，将 student1 添加到管理员组的操作步骤如下。

单击图 3-37 中的"添加"按钮，在图 3-38 所示的"选择组"对话框中直接输入组的名称，例如，管理员组的名称 Administrator、高级用户组名称 Power users。输入组名称后，如需要检查名称是否正确，则单

图 3-36　"student1 属性"对话框

击"检查名称"按钮，名称会变为"WIN2012-2\Administrators"。前面部分表示本地计算机名称，后面部分为组名称。如果输入了错误的组名称，检查时，系统将提示找不到该名称，并提示更改，再次搜索。

图 3-37　"隶属于"选项卡

图 3-38　"选择组"对话框

如果不希望手动输入组名称，也可以单击"高级"按钮，再单击"立即查找"按钮，从列表中选择一个或多个组（同时按"Ctrl"键或"Shift"键），如图 3-39 所示。

（3）"配置文件"选项卡

在"配置文件"选项卡中可以设置用户账户的配置文件路径、登录脚本和主文件夹路径，如图 3-40 所示。

图 3-39　查找可用的组

图 3-40　"配置文件"选项卡

用户配置文件是存储当前桌面环境、应用程序设置以及个人数据的文件夹和数据的集合，还包括所有登录到该台计算机上所建立的网络连接。由于用户配置文件提供的桌面环境与用户最近一次登录到该计算机上所用的桌面相同，因此保持了用户桌面环境及其他设置的一致性。

当用户第一次登录到某台计算机上时，Windows Server 2012 R2 根据默认用户配置文件自动创建一个用户配置文件，并将其保存在该计算机上。默认用户配置文件位于"C:\users\ default"下，该文件夹是隐藏文件夹，用户 student1 的配置文件位于"C:\users\student1"下。

除了"C:\用户\用户名\我的文档"文件夹外，Windows Server 2012 R2 还提供了用于存放个人文档的主文件夹。主文件夹可以保存在客户机上，也可以保存在一个文件服务器的共享文件夹中。用户可以将所有的用户主文件夹都定位在某个网络服务器的中心位置上。

管理员在为用户提供主文件夹时，应考虑以下因素：用户可以通过网络中任意一台联网的计算机访问其主文件夹。在对用户文件进行集中备份和管理时，基于安全性考虑，应将用户主文件夹存放在 NTFS 卷中，可以利用 NTFS 的权限来保护用户文件（放在 FAT 卷中只能通过共享文件夹权限来限制用户对主目录的访问）。

（4）登录脚本

登录脚本是用户登录计算机时自动运行的脚本文件，脚本文件的扩展名可以是 VBS、BAT 或 CMD。

其他选项卡（如"拨入""远程控制"选项卡）请参考 Windows Server 2012 R2 的帮助文件。

3. 删除本地用户账户

当用户不再需要使用某个用户账户时，可以将其删除。因为删除用户账户会导致与该账户有关的所有信息遗失，所以在删除之前，最好确认其必要性或者考虑用其他方法，如禁用该账户。许多企业给临时员工设置了 Windows 账户，当临时员工离开企业时将账户禁用，新来的临时员工需要用该账户时，只需改名即可。

在"计算机管理"控制台中，用鼠标右键单击要删除的用户账户，可以执行删除功能，但是系统内置账户如 Administrator、Guest 等无法删除。

在前面提到，每个用户都有一个名称之外的唯一标识符 SID 号，SID 号在新增账户时由系统自动产生，不同账户的 SID 不会相同。由于系统在设置用户的权限、访问控制列表中的资源访问能力信息时，内部都使用 SID 号，所以一旦用户账户被删除，这些信息也就跟着消失了。重新创建一个名称相同的用户账户，也不能获得原先用户账户的权限。

4. 使用命令行创建用户

重新以管理员的身份登录 WIN2012-2 计算机，然后使用命令行方式创建一个新用户，命令格式如下（注意密码要满足密码复杂度要求）。

```
net user username password /add
```

例如，要建立一个名为 mike，密码为 P@ssw0rd2 的用户，可以使用以下命令。

```
net user mike P@ssw0rd2 /add
```

要修改旧账户的密码，可以按如下步骤操作。

STEP 1 打开"计算机管理"对话框。

STEP 2 在对话框中，单击"本地用户和组"。

STEP 3 用鼠标右键单击要重置密码的用户账户，在弹出的快捷菜单中选择"设置密码"选项。

STEP 4 阅读警告消息，如果要继续，则单击"继续"按钮。

STEP 5 在"新密码"和"确认密码"中，输入新密码，然后单击"确定"按钮。

或者使用如下命令行方式。

```
net user username password
```

例如，将用户 mike 的密码设置为 P@ssw0rd3（必须符合密码复杂度要求），可以运行以下命令。

```
net user mike P@ssw0rd3
```

5. 创建本地组

Windows Server 2012 R2 计算机在运行某些特殊功能或应用程序时，可能需要特定的权限。为这些任务创建一个组，并将相应的成员添加到组中是一个很好的解决方案。对于计算机被指定的大多数角色来说，系统都会自动创建一个组来管理该角色。例如，如果计算机被指定为 DHCP 服务器，相应的组就会添加到计算机中。

要创建一个新组 common，首先打开"计算机管理"对话框。用鼠标右键单击"组"文件夹，在弹出的快捷菜单中选择"新建组"选项。在"新建组"对话框中，输入组名和描述，然后单击"添加"按钮向组中添加成员，如图 3-41 所示。

另外，也可以使用命令行方式创建一个组，命令格式如下。

图 3-41　新建组

```
net localgroup groupname /add
```

例如，要添加一个名为 sales 的组，可以输入如下命令。

```
net localgroup sales /add
```

6. 为本地组添加成员

可以将对象添加到任何组。在域中，这些对象可以是本地用户、域用户，甚至是其他本地组或域组。但是在工作组环境中，本地组的成员只能是用户账户。

将成员 mike 添加到本地组 common，可以执行以下操作。

STEP 1 单击"开始"→"管理工具"，打开"计算机管理"对话框。

STEP 2 在左窗格中展开"本地用户和组"对象，双击"组"对象，在右窗格中显示本地组。

STEP 3 双击要添加成员的组 common，打开组的"属性"对话框。

STEP 4 单击"添加"按钮，选择要加入的用户 mike 即可。

使用命令行的话，可以使用如下命令。

```
net localgroup groupname username /add
```

例如，将用户 mike 加入 administrators 组中，可以使用如下命令。

```
net localgroup administrators mike /add
```

3.4 习题

一、填空题

1. 账户的类型分为_____、_____、_____。

2. 根据服务器的工作模式，组分为_____、_____。

3. 在工作组模式下，用户账户存储在_____中；在域模式下，用户账户存储在_____中。

4. 在活动目录中，组按照能够授权的范围，分为_____、_____、_____。

5. 你创建了一个名为 Helpdesk 的全局组，其中包含所有帮助账户。你希望帮助人员能在本地桌面计算机上执行任何操作，包括取得文件所有权，最好使用_____内置组。

二、选择题

1. 在设置域账户属性时，（   ）项目是不能被设置的。

A. 账户登录时间 B. 账户的个人信息

C. 账户的权限 D. 指定账户登录域的计算机

2. 下列账户名不是合法的是（   ）。

A. abc_234 B. Linux book C. doctor* D. addeofHELP

3. 下面用户不是内置本地域组成员的是（   ）。

A. Account Operator B. Administrator

C. Domain Admins D. Backup Operators

4. 公司聘用了 10 名新雇员。你希望这些新雇员通过 VPN 连接接入公司总部。你创建了新用户账户，并将总部中的共享资源的"允许读取"和"允许执行"权限授予新雇员。但是，新雇员无法访问总部的共享资源。你需要确保用户能够建立可接入总部的 VPN 连接。你该怎么做？（   ）

A. 授予新雇员"允许完全控制"权限

B. 授予新雇员"允许访问拨号"权限

C. 将新雇员添加到 Remote Desktop Users 安全组

D. 将新雇员添加到 Windows Authorization Access 安全组

5. 公司有一个 Active Directory 域。有个用户试图从客户端计算机登录到域，但是收到以下消息："此用户账户已过期。请管理员重新激活该账户"。你需要确保该用户能够登录到域。你该怎么做？（   ）

A. 修改该用户账户的属性，将该账户设置为永不过期

B. 修改该用户账户的属性，延长"登录时间"设置

C. 修改该用户账户的属性，将密码设置为永不过期

D. 修改默认域策略，缩短账户锁定持续时间

6. 公司有一个 Active Directory 域，名为 intranet.contoso.com。所有域控制器都运行 Windows Server 2012 R2。域功能级别和林功能级别都设置为 Windows 2000 纯模式。你需要确保用户账户有 UPN 后缀 contoso.com。应该先怎么做？（   ）

A. 将 contoso.com 林功能级别提升到 Windows Server 2008 或 Windows Server 2012 R2

B. 将 contoso.com 域功能级别提升到 Windows Server 2008 或 Windows Server 2012 R2

C. 将新的 UPN 后缀添加到林

D. 将 Default Domain Controllers 组策略对象（GPO）中的 Primary DNS Suffix 选项设置为 contoso.com

7. 公司有一个总部和 10 个分部。每个分部有一个 Active Directory 站点，其中包含一个域控制器。只有总部的域控制器被配置为全局编录服务器。你需要在分部域控制器上停用"通用组成员身份缓存"（UGMC）选项。应在（   ）停用 UGMC。

A. 站点   B. 服务器   C. 域   D. 连接对象

8. 公司有一个单域的 Active Directory 林。该域的功能级别是 Windows Server 2012 R2。你执行以下活动。

- 创建一个全局通信组。
- 将用户添加到该全局通信组。
- 在 Windows Server 2012 R2 成员服务器上创建一个共享文件夹。
- 将该全局通信组放入有权访问该共享文件夹的域本地组中。
- 你需要确保用户能够访问该共享文件夹。

该怎么做？（   ）

A. 将林功能级别提升为 Windows Server 2012 R2

B. 将该全局通信组添加到 Domain Administrators 组中

C. 将该全局通信组的组类型更改为安全组

D. 将该全局通信组的作用域更改为通用通信组

三、简答题

1. 简述工作组和域的区别。

2. 简述通用组、全局组和本地域组的区别。

3. 你负责管理你所属组的成员的账户以及对资源的访问权。组中的某个用户离开了公司，你

希望在几天内将有人来代替该员工。对于前用户的账户,你应该如何处理?

4. 你需要在 AD DS 中创建数百个计算机账户,以便为无人参与安装预先配置这些账户。创建如此大量的账户的最佳方法是什么?

5. 用户报告说,他们无法登录到自己的计算机。错误消息表明计算机和域之间的信任关系中断。如何修正该问题?

6. BranchOffice_Admins 组对 BranchOffice_OU 中的所有用户账户有完全控制权限。对于从 BranchOffice_OU 移入 HeadOffice_OU 的用户账户,BranchOffice_Admins 对该账户将有何权限?

3.5 项目实训 管理用户账户和组账户

一、实训目的

- 掌握创建用户账户的方法。
- 掌握创建组账户的方法。
- 掌握管理用户账户的方法。
- 掌握管理组账户的方法。
- 掌握组的使用原则。

3-3 管理用户
账户和组账户

二、项目背景

本项目部署在图 3-42 所示的环境下。其中 WIN2012-1 和 WIN2012-2 是 VMware(或者 Hyper-V 服务器)的 2 台虚拟机,WIN2012-1 是域 long.com 的域控制器,WIN2012-2 是域 long.com 的成员服务器。本地用户和组的管理在 WIN2012-1 上进行,域用户和组的管理在 WIN2012-1 上进行,在 WIN2012-2 上进行测试。

角色:Hyper-V 服务器、主机
计算机名:WIN2012-0
IP 地址:192.168.10.100/24
操作系统:Windows Server 2012 R2
DNS 服务器:192.168.10.1

角色:DNS 服务器、域控制器、虚拟机
计算机名:WIN2012-1
IP 地址:192.168.10.1/24
操作系统:Windows Server 2012 R2
DNS 服务器:192.168.10.1

角色:成员服务器、虚拟机
计算机名:WIN2012-2
IP 地址:192.168.10.2/24
操作系统:Windows Server 2012 R2
DNS 服务器:192.168.10.1

图 3-42 管理用户账户和组账户网络拓扑图

三、做一做

根据实训项目录像进行项目的实训,检查学习效果。

项目 4
配置与管理分布式文件系统

04

Microsoft 分布式文件系统亦如其他文件系统一样对硬盘进行管理。文件系统提供对磁盘扇区集合的统一命名访问；而分布式文件系统则为服务器、共享和文件提供统一的命名规则和映射。

分布式文件系统（Distributed File System，DFS）可以提高文件的访问效率和文件的可用性并减轻服务器的负担。

本项目学习要点

- 分布式文件系统概述。
- 分布式文件系统部署。

- 从客户端测试 DFS 功能是否正常。
- 添加多台命名空间服务器。

4.1 项目基础知识

通过分布式文件系统将相同的文件同时存储到网络上的多台服务器后，即可拥有以下功能。

- 提高文件的访问效率。当客户端通过 DFS 访问文件时，DFS 会引导客户端从最接近客户端的服务器来访问文件，让客户端快速访问到所需的文件。

实际上，DFS 提供的客户端一份服务器列表，这些服务器内都有客户端所需的文件，但是 DFS 会将最接近客户端的服务器提供给客户端访问。例如，跟客户端同一个 AD DS 站点（Active Directory Domain Services Site）的服务器会被放到列表最前面，以便让客户端优先从这台服务器访问所需文件。

- 提高文件的可用性。即使位于服务器列表中最前面的服务器意外发生故障了，客户端仍然可以从列表中的下一台服务器获取所需的文件，也就是说，DFS 提供排错功能。
- 服务器负载平衡功能。每个客户端获得列表中的服务器排列顺序可能都不相同，因此它们访问的服务器也可能不相同，也就是说，不同客户端可能会从不同服务器来访问所需文件，从而减轻服务器的负担。

4.1.1 DFS 的架构

Windows Server 2012 R2 是通过文件和访问服务角色内的 DFS 命名空间与 DFS 复制这两

个服务来配置 DFS 的。下面根据图 4-1 来说明 DFS 中的各个组件。

1. DFS 命名空间

可以通过 DFS 命名空间将位于不同服务器内的共享文件夹集合在一起，并以一个虚拟文件夹的树状结构呈现给客户端。DFS 命名空间分为以下两种。

（1）域命名空间

它将命名空间的设置数据存储到 AD DS 与命名空间服务器的内存缓冲区。如果创建多台命名空间服务器，则它还具备命名空间的排错功能。

Windows Server 2008 开始添加了一种称为 Windows Server 2008 模式的域命名空间，并将以前旧版的域命名空间称为 Windows 2000 Server 模式。Windows Server 2008 模式域命名空间支持基于访问的枚举（Access-Based Enumeration，ABE，或翻译为访问型枚举），它根据用户的权限来决定用户是否可以看到共享文件夹内的文件与文件夹，也就是说，当用户浏览共享文件夹时，他只能看到有权访问的文件与文件夹。

（2）独立命名空间

它将命名空间的设置数据存储到命名空间服务器的注册表（Registry）与内存缓冲区。由于独立命名空间只能够有一台命名空间服务器，因此不具备命名空间的排错功能，除非采用服务器集群（Server Cluster）。

图 4-1　DFS 中的各个组件

2. 命名空间服务器

命名空间服务器是用来掌控命名空间（Host Namespace）的服务器。如果是域命名空间，则这台服务器可以是成员服务器或域控制器，而且可以设置多台命名空间服务器；如果是独立命名空间，则这台服务器可以是成员服务器、域控制器或独立服务器，不过只能够有一台命名空间服务器。

3. 命名空间根目录

它是命名空间的起始点。以图 4-1 来说，此根目录的名称为 public，命名空间的名称为 \\long.com\public，而且它是一个域命名空间，其名称以域名开头（long.com）。如果这是一个独立命名空间，则命名空间的名称会以计算机名开头，如\\WIN2012-1\public。

由图 4-1 可知，此命名空间根目录是被映射到命名空间服务器内的一个共享文件夹，默认是
%SystemDrive%\DFSRoots\Public，它必须位于 NTFS 磁盘分区。

4. 文件夹与文件夹目标

这些虚拟文件夹的目标分别映射到其他服务器内的共享文件夹。当客户端浏览文件夹时，DFS
会将客户端重定向到文件夹目标所映射的共享文件夹。图 4-1 中共有两个文件夹，分别说明如下。

（1）Tools

此文件夹有两个目标，分别映射到服务器 WIN2012-2 的 C:\tools 与 WIN2012-3 的 C:\tools
共享文件夹，它具备文件夹的排错功能。例如，客户端在读取文件夹 tools 内的文件时，即使
WIN2012-2 发生故障，它仍然可以从 WIN2012-3 的 C:\tools 读取文件。当然 WIN2012-2 的
C:\tools 与 WIN2012-3 的 C:\tools 内存储的文件应该相同（同步）。

（2）software

此文件夹有一个目标，映射到服务器 WIN2012-3 的 C:\software 共享文件夹，由于目标只有
一个，因此不具备排错功能。

5. FS 复制

图 4-1 中 tools 的两个目标映射到的共享文件夹提供给客户端的文件必须同步（相同），这个
同步操作可由 DFS 复制服务自动运行。DFS 复制服务使用一个称为远程差异压缩（Remote
Differential Compression，RDC）的压缩演算技术，它能够检测文件改动的地方，因此复制文件
时仅会复制有改动的区域，而不是整个文件，这样可以降低网络的负担。

如果独立命名空间的目标服务器未加入域，则其目标映射到的共享文件夹内的文件必须手动同步。

旧版 Windows 系统通过文件复制服务（File Replication Service，FRS）来负责 DFS 文件
夹的复制与域控制器 SYSVOL 文件夹的复制。不过，现在只要域功能级别是 Windows Server
2008（含）以上，就会改由 DFS 复制服务来负责。

4.1.2 DFS 的系统需求

独立命名空间服务器可以由域控制器、成员服务器或独立服务器来扮演，而域命名空间服务器
可以由域控制器或成员服务器来扮演。

参与 DFS 复制的服务器必须位于同一个 AD DS 林，被复制的文件夹必须位于 NTFS 磁盘分
区内（ReFS、FAT32 与 FAT 都不支持）。防毒软件必须与 DFS 兼容，必要时请联系防毒软件厂
商，以便确认是否兼容。

如果要将域命名空间的模式设置为 Windows Server 2008 模式，则域功能等级必须至少是
Windows Server 2008，另外，所有的域命名空间服务器都必须至少是 Windows Server 2008。

4.2 项目设计及准备

创建一个图 4-2 所示的域命名空间，假设 2 台服务器都是 Windows Server 2012 R2
Datacenter，而且 WIN2012-1 是域控制器，WIN2012-2 与 WIN2012-3 都是成员服务器。请
先自行创建好此域环境。

图 4-2　DFS 域环境

图 4-2 中命名空间的名称（命名空间根目录的名称）为 public，由于是域命名空间，因此完整的名称将是\\long.com\public（long.com 为域名），它映射到命名空间服务器 WIN2012-1 的 C:\DFSRoots\Public 文件夹。命名空间的设置数据会被存储到 AD DS 与命名空间服务器 WIN2012-1 的内存缓冲区。另外，图 4-2 中还创建了文件夹 tools，它有两个目标，分别指向 WIN2012-2 与 WIN2012-3 的共享文件夹。各计算机的 IP 地址信息如下。

① WIN2012-1：域控制器、DNS 服务器，IP：192.168.10.1/24，DNS：192.168.10.1。

② WIN2012-2：成员服务器，IP：192.168.10.2/24，DNS：192.168.10.1。

③ WIN2012-3：成员服务器，IP：192.168.10.3/24，DNS：192.168.10.1。

4.3　项目实施

任务 4-1　安装 DFS 的相关组件

由于图 4-2 中各个服务器扮演的角色并不完全相同，因此所需安装的服务与功能也有所不同。

4-1　安装 DFS 的相关组件

（1）WIN2012-1。图 4-2 中 WIN2012-1 是命名空间服务器，它需要安装 DFS 命名空间服务（DFS Namespace Service），不过因为这台计算机同时也是域控制器，而域控制器默认会自动安装与启动这个服务，因此不需要再手动安装。我们要利用这台服务器来管理 DFS，因此需要自行安装 DFS 管理工具。

（2）WIN2012-2 与 WIN2012-3。这两台目标服务器需要相互复制 tools 共享文件夹内的文件，因此它们都需要安装 DFS 复制服务。安装 DFS 复制服务时，系统会顺便自动安装 DFS 管理工具，让用户可以在 WIN2012-2 与 WIN2012-3 上管理 DFS。

1. 在 WIN2012-1 上安装 DFS 管理工具

安装 DFS 管理工具的方法为：单击左下角的"服务器管理器"图标，单击仪表板处的"添加角色和功能"，持续单击"下一步"按钮，直到出现选择功能界面时展开"远程服务器管理工具"，

83

展开"角色管理工具"，展开"文件服务工具"，打开图 4-3 所示的"添加角色和功能向导"窗口，勾选"DFS 管理工具"复选框，单击"下一步"按钮开始安装 DFS 管理工具，最后单击"关闭"按钮完成安装。

图 4-3　添加 DFS 管理工具

2. 在 WIN2012-2 与 WIN2012-3 上安装所需的 DFS 组件

分别到 WIN2012-2 与 WIN2012-3 安装 DFS 复制服务。安装 DFS 复制服务的参考步骤如下：单击左下角的"服务器管理器"图标，单击仪表板处的"添加角色和功能"，持续"下一步"按钮，直到出现图 4-4 所示的"选择服务器角色"窗口时，展开"文件和存储服务"，展开"文件和 iSCSI 服务"，勾选"DFS 复制"复选框，单击"添加功能"按钮，然后根据向导完成 DFS 复制服务的安装。

图 4-4　添加 DFS 组件

3. 在 WIN2012-2 与 WIN2012-3 上创建共享文件夹

请创建图 4-2 所示的文件夹 tools 映射到的两个目标文件夹，也就是 WIN2012-2 与

WIN2012-3 中的 C:\tools 文件夹，并将其设置为共享文件夹，假设共享名都是 tools，将读取/写入的共享权限赋予 Everyone，同时复制一些文件到 WIN2012-2 的 C:\tools 内（见图 4-5），以便于验证这些文件是否确实可以通过 DFS 机制被自动复制到 WIN2012-3。

图 4-5　创建共享文件夹，添加测试文件（WIN2012-2）

任务 4-2　创建新的命名空间

STEP 1　在 WIN2012-1 上单击 "开始" → "管理工具" → "DFS Management"，如图 4-6 所示，单击 "命名空间" 右侧的 "新建命名空间"。

STEP 2　如图 4-7 所示，选择 WIN2012-1 作为命名空间服务器，单击 "下一步" 按钮。

4-2　创建新的命名空间

STEP 3　如图 4-8 所示，设置命名空间名称（如 public），单击 "下一步" 按钮。

图 4-6　DFS 管理\命名空间

图 4-7　选择命名空间服务器

图 4-8　设置命名空间名称

> **注意** 系统默认会在命名空间服务器的%SystemDrive%磁盘内创建 DFSRoots\Public 共
> 享文件夹，共享名为 public，所有用户都有只读权限，如果要更改设置，可以单击图
> 4-8 中的"编辑设置"按钮。

STEP 4 如图 4-9 所示，选择"基于域的命名空间"，默认会选择 Windows Server 2008
模式。由于域名为 long.com，因此完整的命名空间名为\\long.com\public。

图 4-9　选择域命名空间

STEP 5 检查图 4-10 中的设置无误后，依次单击"创建""关闭"按钮。

图 4-10　复查设置并创建命名空间

STEP 6 图 4-11 所示为完成后的界面。

图 4-11 完成后的界面

任务 4-3　创建文件夹

下面将创建图 4-2 中的 DFS 文件夹 tools，其两个目标分别映射到
\\WIN2012-2\tools 与 \\WIN2012-3\tools。

1. 创建文件夹 tools，并将目标映射到\\WIN2012-2\tools

4-3　创建
文件夹

STEP 1 单击\\long.com\public 右方的"新建文件夹"，如图 4-12 所示。

STEP 2 如图 4-13 所示，设置文件夹名称（tools），单击"添加"按钮，
输入或浏览文件夹目标的路径，如\\WIN2012-2\tools，单击"确定"按钮。在
客户端可以通过背景图中"预览命名空间"的路径来访问映射共享文件夹内的文件，如
\\long.com\public\tools。

图 4-12　新建文件夹

图 4-13　添加文件夹目标

2. 添加另一个目标，并将其映射到\\WIN2012-3\tools

STEP 1 继续单击图4-14中的"添加"按钮来设置文件夹的新目标路径，如\\WIN2012-3\tools。完成后连续单击两次"确定"按钮。

STEP 2 如图4-15所示，单击"否"按钮。

图4-14　添加另一个文件夹目标

图4-15　是否创建复制组

STEP 3 图4-16所示为完成后的界面，文件夹tools的目标同时映射到\\WIN2012-2\tools与\\WIN2012-3\tools共享文件夹。以后如果要增加目标，可以单击右侧的"添加文件夹目标"。

图4-16　完成后的界面

任务4-4　复制组与复制设置

如果一个DFS文件夹有多个目标，这些目标映射的共享文件夹内的文件就必须同步（相同）。可以让这些目标之间自动复制文件来同步。不过，需要将这些目标服务器设置为同一个复制组，并做适当的设置。

STEP 1 单击文件夹tools右侧的"复制文件夹"，如图4-17所示。

STEP 2 单击"下一步"按钮，采用默认的复制组名称与文件夹名称（或自行设置名称），如图4-18所示。

STEP 3 图4-19所示的窗口中会列出有资格参与复制的服务器，单击"下一步"按钮。

4-4　复制组与
复制设置

图 4-17　复制文件夹

图 4-18　复制文件夹向导

图 4-19　复制合格

STEP 4 选择主要成员（如 WIN2012-2），如图 4-20 所示，当 DFS 第一次开始执行复制文件的操作时，会将这台主要成员内的文件复制到其他所有目标。完成后单击"下一步"按钮。

> **注意** 只有在第一次执行复制文件工作时，DFS 才会将主要成员的文件复制到其他的目标，之后的复制工作按照所选的复制拓扑进行复制。

图 4-20 主要成员

STEP 5 如图 4-21 所示，选择复制拓扑后，单击"完成"按钮（必须有 3 台及以上的服务器参与复制，才可以选择集散拓扑）。

图 4-21 选择复制拓扑

STEP 6 可以选择全天候、使用完整的带宽进行复制，如图 4-22 所示，也可以在指定日期和时间内复制。

STEP 7 确保图 4-23 所示的设置无误后单击"创建"按钮。

STEP 8 确认窗口中的所有设置都无误后单击"关闭"按钮。

STEP 9 如图 4-24 所示，直接单击"确定"按钮。此对话框提醒：如果域内有多台域控制器，则以上设置需要等一段时间才会被复制到其他域控制器，而其他参与复制的服务器，也需要一段时间才会向域控制器索取这些设置值。总而言之，参与复制的服务器，可能需要一段时间后才会开始执行复制的工作。

图 4-22　复制组计划和带宽

图 4-23　复查设置并创建复制组

图 4-24　复制延迟

STEP 10　由于在图 4-20 中将 WIN2012-2 设置为主要成员，因此稍后当 DFS 第一次执行复制操作时，会将\\WIN2012-2\tools 内的文件复制到\\WIN2012-3\tools。图 4-25 所示为复制完成后在\\WIN2012-3\tools 内的文件。

图 4-25　复制完成后在\\WIN2012-3\tools 内的文件

> **注意**　在第一次复制时，系统会将原本就存在于\\WIN2012-3\tools 内的文件（若有），移动到图 4-25 中的 DfsrPrivate\PreExisting 文件夹内，不过因为 DfsrPrivate 是隐藏文件夹，所以要看到此文件夹，必须执行以下操作：打开文件资源管理器，单击"查看"→"选项"→"查看"，取消勾选"隐藏受保护的操作系统文件（推荐）"，并选择"显示隐藏的文件和文件夹"。

从第二次开始的复制操作，将按照复制拓扑决定复制的方式。例如，如果复制拓扑被设置为交错，则将一个文件复制到任何一台服务器的共享文件夹后，DFS 复制服务会将这个文件复制到其他所有的服务器。

任务 4-5　复制拓扑与计划设置

STEP 1　如果要修改复制设置，请单击图 4-26 左侧的复制组 long.com\ public\tools，然后通过右侧的操作窗格来更改复制设置，如增加参与复制的服务器（新建成员）、添加复制文件夹（新建已复制文件夹）、创建服务器之间的复制连接（新建连接）、更改复制拓扑（新建拓扑）、创建诊断报告、将复制的管理工作委派给其他用户（委派管理权限）、计划复制日程（编辑复制组计划）等。

图 4-26　更改复制设置

STEP 2　无论复制拓扑是什么，都可以自行启用或禁用两台服务器之间的连接关系。例如，如果不想让 WIN2012-3 将文件复制到 WIN2012-2，请将 WIN2012-3 到 WIN2012-2 的单向连接关系禁用：单击背景图中的"连接"标签，双击"发送成员 WIN2012-3"，取消勾选"在此连接上启用复制"复选框，如图 4-27 所示。

图 4-27　禁用复制示例

STEP 3 还可以双击图 4-28 中"已复制文件夹"标签下的"tools"文件夹来筛选文件或子文件夹，被筛选的文件或子文件夹将不会被复制。筛选时可以使用通配符"？"或"*"，例如，*.tmp 表示所有扩展名为.tmp 的文件。

图 4-28　筛选文件或子文件夹

任务 4-6　从客户端测试 DFS 功能是否正常

利用 Windows 8 客户端来说明如何访问 DFS 文件。该客户端 IP 地址是192.168.10.100，首先 DNS 服务器为 192.168.10.1。

4-5　从客户端
测试 DFS 功能是
否正常

STEP 1 切换到桌面，单击左下方的"文件资源管理器"图标，右键单击"计算机"图标，再单击"映射网络驱动器"，打开图 4-29 所示的"映射网络驱动器"对话框，驱动器选择"Z"，文件夹输入\\long.com\public\tools，其中 long.com 为域名，public 为 DFS 命名空间根目录的名称，tools 为 DFS 文件夹名称。

STEP 2 可能还必须输入用户名与密码，注意用户名是指有权限访问该共享的用户名，例如，图 4-30 中的用户名为 long\administrator。

图 4-29 映射网络驱动器

图 4-30 Windows 安全

STEP 3 设置完成后，就可以通过 Z: 磁盘来访问 tools 文件夹中的文件了。

> **注意** ① 还可以在"运行"窗口中输入\\long.coml\public 或\\long.com\public\tools 来访问 DFS 内的文件。
> ② 如果要访问独立 DFS，请将域名改为计算机名，例如，\\WIN2012-5\public\ tools，其中 WIN2012-5 为命名空间服务器的计算机名，public 为命名空间根目录名，tools 为 DFS 文件夹名。

如何知道访问到的文件是位于 WIN2012-2 的 tools 内还是 WIN2012-3 的 tools 内呢？可以利用以下方法检查。

STEP 4 分别到 WIN2012-2 与 WIN2012-3 上单击"开始"→"管理工具"→"计算机管理"，如图 4-31 所示进行查看。此时只要查看你的用户与计算机名是显示在 WIN2012-2 还是 WIN2012-3 的界面上，就可以知道你连接到的是哪台服务器。图 4-31 所示是连接到 WIN2012-2 服务器。

图 4-31 会话

STEP 5 得知所连接的服务器后，请将这台服务器关机，然后到 Windows 8 计算机上访问 tools

内的文件，会发现还可以访问到 tools 内的文件，因为 DFS 已经重定向到另一台服务器（会稍有延迟）。

4.4 习题

一、填空题

1. 可以通过_____将位于不同服务器内的共享文件夹集合在一起，并以一个虚拟文件夹的树状结构呈现给客户端。DFS 命名空间分为_____和_____两种。

2. 域命名空间将命名空间的设置数据存储到_____与_____。如果创建多台命名空间服务器，则它还具备_____功能。

3. 独立命名空间将命名空间的设置数据存储到_____与_____。由于独立命名空间只能有_____台命名空间服务器，因此不具备命名空间的排错功能，除非采用_____。

4. 命名空间服务器是用来掌控_____的服务器。如果是域命名空间，则这台服务器可以是_____或_____，而且可以设置_____台命名空间服务器；如果是独立命名空间，则这台服务器可以是_____、_____或_____，不过只能有_____台命名空间服务器。

5. 参与 DFS 复制的服务器必须位于_____AD DS 林，被复制的文件夹必须位于_____分区内（ReFS、FAT32 与 FAT 都不支持）。

6. 命名空间服务器需要安装_____服务，不过_____默认会自动安装与启动这个服务，因此不需要再手动安装。

7. 域命名空间的 DFS 架构内可以安装_____台命名空间服务器，以便提供更高的可用性。所有的命名空间服务器都必须隶属于_____的域。可以是_____，也可以是_____。

二、简答题

1. 简述分布式文件系统（DFS）拥有的功能。

2. 简述以下名词的含义。

DFS 命名空间 命名空间服务器 命名空间根目录 命名空间文件夹与文件夹目标

4.5 项目实训 配置与管理分布式文件系统

创建一个图 4-2 所示的域命名空间，假设 2 台服务器都是 Windows Server 2012 R2 Datacenter，而且 WIN2012-1 是域控制器，WIN2012-2 与 WIN2012-3 都是成员服务器。请先自行创建好此域环境。

4-6 添加多台命名空间服务器

要完成以下任务。

（1）安装 DFS 相关组件。

（2）创建命名空间。

（3）创建文件夹。

（4）设置复制组。

（5）从客户端测试 DFS 功能。

（6）添加多台命名空间服务器。

项目 5
配置与管理基本磁盘和动态磁盘

Windows Server 2012 R2 的存储管理不论是从技术上还是功能上，都比以前的 Windows 版本有了很多改进和提高，磁盘管理提供了更好的管理界面和性能。

学习基本磁盘和动态磁盘的配置与管理，学习为用户分配磁盘配额，是网络管理员最起码的任务。

本项目学习要点

- 基本磁盘管理。
- 动态磁盘管理。

- 磁盘配额管理。
- 常用磁盘管理命令。

5.1 项目基础知识

从 Windows 2000 开始，Windows 系统将磁盘分为基本磁盘和动态磁盘两种类型。

1. 基本磁盘

基本磁盘是平常使用的默认磁盘类型，通过分区来管理和应用磁盘空间。一个基本磁盘可以划分为主磁盘分区（Primary Partition）和扩展磁盘分区（Extended Partition），但是最多只能建立一个扩展磁盘分区。一个基本磁盘最多可以分为 4 个区，即 4 个主磁盘分区或 3 个主磁盘分区和一个扩展磁盘分区。主磁盘分区通常用来启动操作系统，一般可以将分完主磁盘分区后的剩余空间全部分给扩展磁盘分区，扩展磁盘分区再分成若干逻辑分区。基本磁盘中的分区空间是连续的。从 Windows Server 2003 开始，用户可以扩展基本磁盘分区的尺寸，这样做的前提是磁盘上存在连续的未分配空间。

2. 动态磁盘

动态磁盘使用卷（Volume）来组织空间，使用方法与基本磁盘分区相似。动态磁盘卷可建立在不连续的磁盘空间上，且空间大小可以动态变更。动态卷的创建数量也不受限制。在动态磁盘中可以建立多种类型的卷，以提供高性能的磁盘存储能力。

5.2 项目设计及准备

（1）已安装好 Windows Server 2012 R2，并且 Hyper-V 服务器正确配置。

（2）利用"Hyper-V 管理器"已建立 2 台虚拟机。

本项目的参数配置及网络拓扑图如图 5-1 所示。

角色：DNS服务器、域控制器、虚拟机
计算机名：WIN2012-1
IP地址：192.168.10.1/24
操作系统：Windows Server 2012 R2
DNS服务器：192.168.10.1

角色：Hyper-V服务器、主机
计算机名：WIN2012-0
IP地址：192.168.10.100/24
操作系统：Windows Server 2012 R2
DNS服务器：192.168.10.1

角色：成员服务器、虚拟机
计算机名：WIN2012-2
IP地址：192.168.10.2/24
操作系统：Windows Server 2012 R2
DNS服务器：192.168.10.1

图 5-1 管理磁盘网络拓扑图

（3）在 WIN2012-2 启动前，对其设置虚拟机，添加 4 块 SCSI 硬盘，每块硬盘容量为 127GB。步骤如下。

STEP 1 打开"Hyper-V 服务管理器"，用鼠标右键单击 WIN2012-2 虚拟机，单击"设置"按钮，出现图 5-2 所示的设置窗口。单击"硬件"→"添加硬件"，在右侧的允许添加的硬件列表中，选中"SCSI 控制器"。

图 5-2 设置窗口

STEP 2 单击"添加"按钮，选择"硬盘驱动器"，再次单击"添加"按钮，出现图 5-3 所示的设置窗口。

图 5-3 "硬盘驱动器"窗口

STEP 3 在"位置"处选择一个没有使用的位置。本例要增加 4 块硬盘，先选取 2，单击"新建"按钮，创建一个虚拟硬盘 vhd1.vhdx（如果存在建好的虚拟硬盘，可以直接单击"浏览"按钮）。然后单击窗口右下角的"应用"按钮，将 vhd1.vhdx 硬盘挂载到 SCSI 2 上。

STEP 4 同理添加另外 3 块 SCSI 硬盘（一定要从"添加硬件"重新开始）。

- "添加硬件"→添加"SCSI 控制器"→添加"硬盘驱动器"→挂载第二块 SCSI 硬盘到空闲位置。
- "添加硬件"→添加"SCSI 控制器"→添加"硬盘驱动器"→挂载第三块 SCSI 硬盘到空闲位置。
- "添加硬件"→添加"SCSI 控制器"→添加"硬盘驱动器"→挂载第三块 SCSI 硬盘到空闲位置。

> **注意** 在添加多块硬盘时，一定要在关机状态，并且 SCSI 控制器与硬盘驱动器——对应，因此添加 4 块硬盘就需要同时添加 4 个 SCSI 控制器，所添加的硬盘挂载到 SCSI 控制器上。如果是在 VMware 虚拟机中添加硬盘，请参考项目 1。

5.3 项目实施

任务 5-1 管理基本磁盘

在安装 Windows Server 2012 R2 时，硬盘将自动初始化为基本磁盘。基本磁盘上的管理任务包括磁盘分区的建立、删除、查看以及分区的挂载和磁盘碎片整理等。

1. 使用磁盘管理工具

Windows Server 2012 R2 提供了一个界面非常友好的磁盘管理工具，使用该工具可以很轻松地完成各种基本磁盘和动态磁盘的配置和管理维护工作。可以使用多种方法打开该工具。

（1）使用"计算机管理"对话框

STEP 1 以管理员身份登录 WIN2012-2，打开"计算机管理"对话框。选择"存储"项目中的"磁盘管理"选项，出现图 5-4 所示的窗口，要求对新添加的磁盘进行初始化。

图 5-4　磁盘管理

> **注意**　如果没有弹出"初始化磁盘"对话框，或者弹出的对话框中要进行初始化的磁盘少于预期，请在相应的新加磁盘上单击鼠标右键，选择"联机"，完成后再用鼠标右键单击该磁盘，选择"初始化磁盘"，单独对该磁盘进行初始化。

STEP 2 单击"确定"按钮，初始化新加的 4 块硬盘。完成后，WIN2012-2 就新加了 4 块新磁盘。

（2）使用系统内置的 MSC 控制台文件

执行"开始"→"运行"命令，输入"diskmgmt.msc"，并单击"确定"按钮。

磁盘管理工具分别以文本和图形的方式显示出所有磁盘和分区（卷）的基本信息，这些信息包括分区（卷）的驱动器号、磁盘类型、文件系统类型以及工作状态等。在磁盘管理工具的下部，以不同的颜色表示不同的分区（卷）类型，利于用户分辨不同的分区（卷）。

2. 新建基本卷

基本磁盘上的分区和逻辑驱动器称为基本卷，基本卷只能在基本磁盘上创建。现在在 WIN2012-2 的磁盘 1 上创建主分区和扩展分区，并在扩展分区中创建逻辑驱动器。具体过程如下。

（1）创建主分区

STEP 1 打开 WIN2012-2 计算机的"计算机管理"→"磁盘管理"。用鼠标右键单击"磁盘 1"，选择"新建简单卷"，如图 5-5 所示。

STEP 2 打开"新建简单卷"向导，单击"下一步"按钮，设置卷的大小为 500 MB。

STEP 3 单击"下一步"按钮，分配驱动器号，如图 5-6 所示。

图 5-5　新建简单卷

- 选择"装入以下空白 NTFS 文件夹中"单选按钮，表示指派一个在 NTFS 文件系统下的空文件夹来代表该磁盘分区。例如，用 C:\data 表示该分区，则以后所有保存到 C:\data 的文件都被保存到该分区中。该文件夹必须是空的文件夹，且位于 NTFS 卷内。这个功能特别适用于 26 个磁盘驱动器号（A:~Z:）不够用时的网络环境。
- 选择"不分配驱动器号或驱动器路径"单选按钮，表示可以事后再指派驱动器号或指派某个空文件夹来代表该磁盘分区。

STEP 4 单击"下一步"按钮，选择格式化的文件系统，如图 5-7 所示。格式化结束，单击"完成"按钮完成主分区的创建。本例划分给主分区 500 MB 空间，赋予驱动器号为 E。

图 5-6　分配驱动器号

图 5-7　格式化分区

STEP 5 可以重复以上步骤创建其他主分区。

（2）创建扩展分区

Windows Server 2012 R2 的磁盘管理中不能直接创建扩展分区，必须先创建完 3 个主分区才能创建扩展磁盘分区。

STEP 1 继续在 WIN2012-2 的磁盘 1 上再创建 2 个主分区。

STEP 2 完成 3 个主分区创建后，在该磁盘未分区空间单击鼠标右键，选择"新建简单卷"。

STEP 3 后面的过程与创建主分区相似，不同的是当创建完成，显示"状态良好"的分区信息后，系统自动将刚才这个分区设置为扩展分区的一个逻辑驱动器，如图 5-8 所示。

图 5-8　3 个主分区、1 个扩展分区

3. 指定活动的磁盘分区

如果计算机中安装了多个无法直接相互访问的不同操作系统，如 Windows Server 2012 R2、Linux 等，则计算机在启动时会被设为"活动"的磁盘分区内的操作系统。

假设当前第 1 个磁盘分区中安装的是 Windows Server 2012 R2，第 2 个磁盘分区中安装的是 Linux，如果第 1 个磁盘分区被设为"活动"，则计算机启动时就会启动 Windows Server 2012 R2。若要下一次启动时启动 Linux，只需将第 2 个磁盘分区设为"活动"即可。

由于用来启动操作系统的磁盘分区必须是主磁盘分区，因此，只能将主磁盘分区设为"活动"的磁盘分区。要指定"活动"的磁盘分区，用鼠标右键单击 WIN2012-2 的磁盘 1 的主分区 E，在弹出的快捷菜单中选择"将分区标为活动分区"选项即可。

4. 更改驱动器号和路径

Windows Server 2012 R2 默认为每个分区（卷）分配一个驱动器号字母，该分区就成为一个逻辑上的独立驱动器。有时出于管理的目的，可能需要修改默认分配的驱动器号。

还可以使用磁盘管理工具在本地 NTFS 分区（卷）的任何空文件夹中连接或装入一个本地驱动器。当在空的 NTFS 文件夹中装入本地驱动器时，Windows Server 2012 R2 为驱动器分配一个路径而不是驱动器字母，可以装载的驱动器数量不受驱动器字母限制的影响，因此可以使用挂载的驱动器在计算机上访问 26 个以上的驱动器。Windows Server 2012 R2 确保驱动器路径与驱动器的关联，因此可以添加或重新排列存储设备而不会使驱动器路径失效。

另外，当某个分区的空间不足并且难以扩展时，也可以通过挂载一个新分区到该分区某个文件夹的方法，达到扩展磁盘分区的目的。因此，挂载的驱动器使数据更容易访问，并增加了基于工作环境和系统使用情况管理数据存储的灵活性。例如，可以在 C:\Document and Settings 文件夹处装入带有 NTFS 磁盘配额以及启用容错功能的驱动器，这样用户就可以跟踪或限制磁盘的使用，并保护装入的驱动器上的用户数据，而不用在 C:驱动器上做同样的工作。也可以将 C:\Temp 文件夹设为挂载驱动器，为临时文件提供额外的磁盘空间。

如果 C 盘上的空间较小，可将程序文件移动到其他大容量驱动器上，比如 E，并将它作为 C:\mytext 挂载。这样所有保存在 C:\mytext 下的文件事实上都保存在 E 分区上。下面完成这个例子。（保证 C:\mytext 在 NTFS 分区，并且是空白的文件夹）

STEP 1 在"磁盘管理"对话框中，用鼠标右键单击目标驱动器 E，在弹出的快捷菜单中选择 "更改驱动器号和路径"选项，打开图 5-9 所示的对话框。

STEP 2 单击"更改"按钮，可以更改驱动器号；单击"添加"按钮，打开"添加驱动器号或路径"对话框，如图 5-10 所示。

图 5-9　更改驱动器号和路径　　　　　图 5-10　"添加驱动器号或路径"对话框

STEP 3 输入完成后，单击"确定"按钮。

STEP 4 测试。在 C:\text 下新建文件，然后查看 E 盘信息，发现文件实际存储在 E 盘上。

> **提示** 要装入的文件夹一定是事先建立好的空文件夹，该文件夹所在的分区必须是 NTFS 文件系统。

任务 5-2　认识动态磁盘

1. RAID 技术简介

如何增加磁盘的存取速度，如何防止数据因磁盘故障而丢失，以及如何有效地利用磁盘空间，一直困扰着计算机专业人员和用户。廉价磁盘冗余阵列（Redundant Arrays of Independent Drives，RAID）技术的产生一举解决了这些问题。

廉价磁盘冗余阵列是把多个磁盘组成一个阵列，当作单一磁盘使用。它将数据以分段（Striping）的方式储存在不同的磁盘中，存取数据时，阵列中的相关磁盘一起动作，大幅减少数据的存取时间，同时有更佳的空间利用率。磁盘阵列利用的不同技术，称为 RAID 级别。不同的级别针对不同的系统及应用，以解决数据访问性能和数据安全的问题。

RAID 技术的实现可以分为硬件实现和软件实现两种。现在很多操作系统，如 Windows NT 以及 UNIX 等都提供软件 RAID 技术，性能略低于硬件 RAID，但成本较低，配置管理也非常简单。目前 Windows Server 2003 支持的 RAID 级别包括 RAID 0、RAID 1 和 RAID-5。

RAID 0：通常被称作"条带"，它是面向性能的分条数据映射技术。这意味着被写入阵列的数据被分割成条带，然后被写入阵列中的磁盘成员，从而允许低费用的高效 I/O 性能，但是不提供冗余性。

RAID 1：称为"磁盘镜像"。通过在阵列中的每个成员磁盘上写入相同的数据来提供冗余性。由于镜像的简单性和高度的数据可用性，目前仍然很流行。RAID 1 提供了极佳的数据可靠性，并提高了读取任务繁重的程序的执行性能，但是它的相对费用也较高。

RAID 4：使用集中到单个磁盘驱动器上的奇偶校验来保护数据，更适合事务性的 I/O 而不是大型文件传输。专用的奇偶校验磁盘同时带来了固有的性能瓶颈。

RAID-5：使用最普遍的 RAID 类型。通过在某些或全部阵列成员磁盘驱动器中分布奇偶校验，RAID-5 避免了 RAID 4 中固有的写入瓶颈。唯一的性能瓶颈是奇偶计算进程。与 RAID 4 一样，其结果是非对称性能，读取性能大大超过写入性能。

2. 动态磁盘卷类型

动态磁盘提供了更好的磁盘访问性能以及容错等功能。可以将基本磁盘转换为动态磁盘，而不损坏原有的数据。动态磁盘若要转换为基本磁盘，则必须先删除原有的卷。

在转换磁盘之前需要关闭这些磁盘上运行的程序。如果转换启动盘，或者要转化的磁盘中的卷或分区正在使用，则必须重新启动计算机才能成功转换。转换过程如下。

① 关闭所有正在运行的应用程序，打开"计算机管理"对话框中的"磁盘管理"对话框，在右窗格的底端用鼠标右键单击要升级的基本磁盘，在弹出的快捷菜单中选择"转换到动态磁盘"选项。

② 在打开的对话框中，可以选择多个磁盘一起升级。选好之后，单击"确定"按钮，再单击"转换"按钮即可。

Windows Server 2012 R2 中支持的动态卷包括以下几类。

- 简单卷（Simple Volume）：与基本磁盘的分区类似，只是其空间可以扩展到非连续的空间上。
- 跨区卷（Spanned Volume）：可以将多个磁盘（至少 2 个，最多 32 个）上的未分配空间合成一个逻辑卷。使用时先写满一部分空间，再写入下一部分空间。
- 带区卷（Striped Volume）：又称条带卷 RAID 0，将 2～32 个磁盘空间上容量相同的空间组合成一个卷，写入时将数据分成 64 KB 大小相同的数据块，同时写入卷的每个磁盘成员的空间上。带区卷提供最好的磁盘访问性能，但是带区卷不能被扩展或镜像，并且没有容错功能。
- 镜像卷（Mirrored Volume）：又称 RAID 1 技术，是将两个磁盘上相同大小的空间建立为镜像，有容错功能，但空间利用率只有 50%，实现成本相对较高。
- 带奇偶校验的带区卷：采用 RAID-5 技术，每个独立磁盘进行条带化分割、条带区奇偶校验，校验数据平均分布在每块硬盘上。容错性能好，应用广泛，需要 3 个以上磁盘。其平均实现成本低于镜像卷。

任务 5-3　建立动态磁盘卷

在 Windows Server 2012 R2 动态磁盘上建立卷，与在基本磁盘上建立分区的操作类似。下面以创建 RAID-5 卷为例，建立 1 000 MB 的动态磁盘卷。

STEP 1 以管理员身份登录 WIN2012-2，用鼠标右键单击磁盘 1，在弹出的菜单中选择磁盘 1~4，如图 5-11 所示，将这 4 个磁盘转换为动态磁盘。

STEP 2 在磁盘 2 的未分配空间上单击鼠标，在弹出的快捷菜单中选择 "新建 RAID-5 卷"选项，打开"新建卷向导"对话框。

STEP 3 单击"下一步"按钮，打开"选择磁盘"对话

图 5-11　转换为动态磁盘

框，如图 5-12 所示。选择要创建的 RAID-5 卷需要使用的磁盘，选择空间容量为 1 000 MB。对于 RAID-5 卷来说，至少需要选择 3 个以上动态磁盘。这里选择磁盘 2~4。

图 5-12　为 RAID-5 卷选择磁盘

STEP 4 为 RAID-5 卷指定驱动器号和文件系统类型，完成向导设置。

STEP 5 建立完成的 RAID-5 卷如图 5-13 所示。

图 5-13　建立完成的 RAID-5 卷

建立其他类型动态卷的方法与此类似，用鼠标右键单击动态磁盘的未分配空间，出现选择菜单，按需要在菜单中选择相应选项，完成不同类型动态卷的建立即可。这里不再一一叙述。

任务 5-4　维护动态卷

1. 维护镜像卷

在 WIN2012-2 上提前建立镜像卷 J，容量为 50 MB，使用磁盘 1 和磁盘 2。在 J 盘上存储一个文件夹 test，供测试用。（驱动器号可能与读者的不一样，请注意！）

不再需要镜像卷的容错能力时，可以选择将镜像卷中断。方法是用鼠标右键单击镜像卷，选择"中断镜卷""删除镜像"或"删除卷"。

- 如果选择"中断镜卷",则中断后的镜像卷成员会成为两个独立的卷,不再容错。
- 如果选择"删除镜像",则选中磁盘上的镜像卷被删除,不再容错。
- 如果选择"删除卷",则镜像卷成员会被删除,数据将会丢失。

如果包含部分镜像卷的磁盘已经断开连接,磁盘状态会显示为"脱机"或"丢失"。要重新使用这些镜像卷,可以尝试重新连接并激活磁盘。方法是在要重新激活的磁盘上单击鼠标右键,在弹出的快捷菜单中选择"重新激活磁盘"选项。

如果包含部分镜像卷的磁盘丢失并且该卷没有返回到"良好"状态,则应当用另一个磁盘上的新镜像替换出现故障的镜像。具体方法如下。

STEP 1 构建故障:在虚拟机 WIN2012-2 的设置中,将第一块 SCSI 控制器上的硬盘删除并单击"应用"按钮。这时回到 WIN2012-2,可以看到磁盘 1 显示为"丢失"状态。

STEP 2 在显示为"丢失"或"脱机"的磁盘的镜像卷上单击鼠标右键删除镜像,如图 5-14 所示。然后查看系统日志,以确定磁盘或磁盘控制器是否出现故障。如果出现故障的镜像卷成员位于有故障的控制器上,则在有故障的控制器上安装新的磁盘并不能解决问题。本例直接删除后重建。删除镜像后仍能在 J 盘上查到 test 文件夹,说明镜像卷的容错能力。下面使用新磁盘替换损坏的磁盘重建镜像卷。

STEP 3 用鼠标右键单击要重新镜像的卷(不是已删除的卷),在弹出的快捷菜单中选择"添加镜像"选项,打开图 5-15 所示的"添加镜像"对话框。选择合适的磁盘后,单击"添加镜像"按钮,系统会使用新的磁盘重建镜像。

图 5-14 从损坏的磁盘上删除镜像

图 5-15 "添加镜像"对话框

2. 维护 RAID-5

在 WIN2012-2 上提前建立 RAID-5 卷 E,容量为 50 MB,使用磁盘 2~4。在 E 盘上存储一个文件夹 test,供测试用。(磁盘符号根据不同情况会有变化)

对于 RAID-5 卷的错误,首先用鼠标右键单击卷并选择"重新激活磁盘"选项进行修复。如果修复失败,则需要更换磁盘并在新磁盘上重建 RAID-5 卷。RAID-5 卷的故障恢复过程如下。

STEP 1 构建故障:在虚拟机 WIN2012-2 的设置中,将第三块 SCSI 控制器上的硬盘删除并单击"应用"按钮。这时回到 WIN2012-2,可以看到磁盘 3 显示为"丢失"状态。

STEP 2 在"磁盘管理"控制台用鼠标右键单击将要修复的 RAID-5 卷(在"丢失"的磁

盘上），选择"重新激活卷"选项。

STEP 3 由于卷成员磁盘失效，所以会弹出"缺少成员"的消息框，单击"确定"按钮。

STEP 4 再次用鼠标右键单击将要修复的 RAID-5 卷，在弹出的菜单中选择"修复卷"选项。

STEP 5 在图 5-16 所示的"修复 RAID-5 卷"对话框中，选择新添加的动态磁盘 1，然后单击"确定"按钮。

STEP 6 在磁盘管理器中，可以看到 RAID-5 在新磁盘上重新建立，并进行数据的同步操作。同步完成后，RAID-5 卷的故障被修复成功。上面的文件夹 test 仍然存在。

图 5-16 "修复 RAID-5 卷"对话框

任务 5-5　管理磁盘配额

在计算机网络中，系统管理员有一项很重要的任务，即为访问服务器资源的客户机设置磁盘配额，也就是限制它们一次性访问服务器资源的卷空间数量。这样做的目的在于防止某个客户机过量地占用服务器和网络资源，导致其他客户机无法访问服务器和使用网络。

1. 磁盘配额基本概念

在 Windows Server 2012 R2 中，磁盘配额跟踪以及控制磁盘空间的使用，使系统管理员可将 Windows 配置为如下。

- 用户超过指定的磁盘空间限额时，阻止进一步使用磁盘空间和记录事件。
- 当用户超过指定的磁盘空间警告级别时记录事件。

启用磁盘配额时，可以设置两个值："磁盘配额限度"和"磁盘配额警告级别"。"磁盘配额限度"指定了允许用户使用的磁盘空间容量。警告级别指定了用户接近其配额限度的值。例如，可以把用户的磁盘配额限度设为 50 MB，并把磁盘配额警告级别设为 45 MB。在这种情况下，用户可在卷上存储不超过 50 MB 的文件。如果用户在卷上存储的文件超过 45 MB，则把磁盘配额系统记录为系统事件。如果不想拒绝用户访问卷，但想跟踪每个用户的磁盘空间使用情况，启用配额但不限制磁盘空间使用将非常有用。

默认的磁盘配额不应用到现有的卷用户上。可以在"配额项目"对话框中添加新的配额项目，将磁盘空间配额应用到现有的卷用户上。

磁盘配额是以文件所有权为基础的，并且不受卷中用户文件的文件夹位置的限制。例如，如果用户把文件从一个文件夹移到相同卷上的其他文件夹，则卷空间用量不变。

磁盘配额只适用于卷，且不受卷的文件夹结构及物理磁盘的布局的限制。如果卷有多个文件夹，则分配给该卷的配额将应用于卷中所有文件夹。

如果单个物理磁盘包含多个卷，并把配额应用到每个卷，则每个卷配额只适用于特定的卷。例如，如果用户共享两个不同的卷，分别是 F 卷和 G 卷，即使这两个卷在相同的物理磁盘上，也分别对这两个卷的配额进行跟踪。

如果一个卷跨越多个物理磁盘，则整个跨区卷使用该卷的同一配额。例如，如果 F 卷有 50 MB

的配额限度，则不管 F 卷是在物理磁盘上还是跨越 3 个磁盘，都不能把超过 50 MB 的文件保存到 F 卷。

在 NTFS 文件系统中，卷使用信息按用户安全标识（SID）存储，而不是按用户账户名称存储。第一次打开"配额项目"对话框时，磁盘配额必须从网络域控制器或本地用户管理器上获得用户账户名称，将这些用户账户名与当前卷用户的 SID 匹配。

2. 设置磁盘配额

STEP 1 在"磁盘管理"对话框中，用鼠标右键单击要启用磁盘配额的磁盘卷，然后在弹出的快捷菜单中选择"属性"选项，打开"属性"对话框。

STEP 2 选择"配额"选项卡，如图 5-17 所示。

STEP 3 选择"启用配额管理"复选框，然后为新用户设置磁盘空间限制数值。

STEP 4 若需要对原有的用户设置配额，单击"配额项"按钮，打开图 5-18 所示的窗口。

图 5-17 "配额"选项卡

图 5-18 "配额项"窗口

STEP 5 选择"配额"→"新建配额项"选项，或单击工具栏上的"新建配额项"按钮，打开"选择用户"对话框。单击"高级"按钮，再单击"立即查找"按钮，即可在"搜索结果"列表框中选择当前计算机用户，并设置磁盘配额，关闭"配额项"窗口。图 5-19 所示为 yhl 用户设置磁盘配额。

STEP 6 回到图 5-15 所示的"配额"选项卡。如果需要限制受配额影响的用户使用超过配额的空间，则选择"拒绝将磁盘空间给超过配额限制的用户"复选框，单击"确定"按钮。

图 5-19 "添加新配额项"窗口

5.4 习题

一、填空题

1. 从 Windows 2000 开始，Windows 系统将磁盘分为＿＿＿＿和＿＿＿＿。

2. 一个基本磁盘最多可分为＿＿＿＿个区，即＿＿＿＿个主分区或＿＿＿＿个主分区和一个扩展分区。

3. 动态卷类型包括＿＿＿＿、＿＿＿＿、＿＿＿＿、＿＿＿＿、＿＿＿＿。

4. 要将 E 盘转换为 NTFS 文件系统，可以运行命令：＿＿＿＿。

5. 带区卷又称为＿＿＿＿技术，RAID 1 又称为＿＿＿＿卷，RAID-5 又称为＿＿＿＿卷。

6. 因为镜像卷的磁盘空间利用率只有＿＿＿＿，所以镜像卷的花费相对较高。与镜像卷相比，RAID-5 卷的磁盘空间有效利用率为＿＿＿＿。硬盘数量越多，冗余数据带区的成本越低，所以 RAID-5 卷的性价比较高，被广泛应用于数据存储领域。

二、简答题

1. 简述基本磁盘与动态磁盘的区别。

2. 磁盘碎片整理的作用是什么？

3. Windows Server 2012 R2 支持的动态卷类型有哪些？各有何特点？

4. 基本磁盘转换为动态磁盘应注意什么问题？如何转换？

5. 如何限制某个用户使用服务器上的磁盘空间？

5.5 项目实训 配置与管理基本磁盘和动态磁盘

一、实训目的

- 掌握基本磁盘的管理。
- 掌握动态磁盘的管理。
- 学习磁盘阵列，以及 RAID 0、RAID 1、RAID-5 的知识。
- 掌握做磁盘阵列的条件及方法。

5-1 配置与管理基本磁盘和动态磁盘

二、项目背景

随着公司的发展壮大，已有的工作组式的网络已经不能满足公司的业务需要。经过多方论证，确定了公司的服务器的拓扑结构，如图 5-1 所示。

三、项目要求

根据图 5-1 所示的公司磁盘管理示意图，完成管理磁盘的实训。具体要求如下。

（1）公司的服务器 WIN2012-1 中新增了两块硬盘，请完成以下任务。

① 初始化磁盘。

② 在两块磁盘新建分区，注意主磁盘分区和扩展磁盘分区的区别以及在一块磁盘上能建主磁盘分区的数量等。

③ 格式化磁盘分区。

④ 标注磁盘分区为活动分区。

⑤ 向驱动器分配装入点文件夹路径。

指派一个在 NTFS 文件系统下的空文件夹代表某磁盘分区，如 C:\data 文件夹。

⑥ 对磁盘进行碎片整理。

（2）公司的服务器 WIN2012-2 中新增了 5 块硬盘，每块硬盘大小为 4 GB。请完成以下任务。

① 添加硬盘，初始化硬盘，并将磁盘转换成动态磁盘。

② 创建 RAID-1 的磁盘组，大小为 1 GB。

③ 创建 RAID-5 的磁盘组，大小为 2 GB。

④ 创建 RAID 0 磁盘组，大小为 800 MB×5=4 GB。

⑤ 对 D 盘进行扩容。

⑥ RAID-5 数据的恢复实验。

四、做一做

根据实训项目录像进行项目的实训，检查学习效果。

项目 6

配置与管理DNS服务器

06

众所周知，在网络中唯一能够用来标识计算机身份和定位计算机位置的方式就是 IP 地址，但当访问网络上的许多服务器，如邮件服务器、Web 服务器、FTP 服务器时，记忆这些纯数字的 IP 地址不仅特别枯燥，而且容易出错。而如果借助于 DNS 服务，将 IP 地址与形象易记的域名一一对应起来，使用户在访问服务器或网站时不使用 IP 地址，而使用简单易记的域名，通过 DNS 服务器将域名自动解析成 IP 地址并定位服务器，就可以解决易记与寻址不能兼顾的问题了。

本项目学习要点

- 了解 DNS 服务器的作用及其在网络中的重要性。
- 理解 DNS 的域名空间结构及其工作过程。

- 理解并掌握主 DNS 服务器的部署。
- 理解并掌握 DNS 客户机的部署。

6.1 项目基础知识

在 TCP/IP 网络上，每个设备都必须分配一个唯一的地址。计算机在网络上通信时，只能识别如 202.97.135.160 之类的数字地址，而人们在使用网络资源时，为了便于记忆和理解，更倾向于使用有代表意义的名称，如域名 www.yahoo.com（雅虎网站）。

域名系统（Domain Name System，DNS）服务器就承担了将域名转换成 IP 地址的功能。这就是在浏览器地址栏中输入如 www.yahoo.com 的域名后，就能看到相应页面的原因。输入域名后，有一台称为 DNS 服务器的计算机自动把域名"翻译"成相应的 IP 地址。

DNS 用于为客户机查询域名（如 www.yahoo.com）时提供该域名的 IP 地址，以便用户用易记的名字搜索和访问必须通过 IP 地址才能定位的本地网络或 Internet 上的资源。

6.1.1 域名空间结构

DNS 的核心思想是分级的，是一种分布式的、分层次型的、客户机/服务器式的数据库管理系统。它主要用于将主机名或电子邮件地址映射成 IP 地址。一般来说，每个组织都有自己的 DNS 服务器，并维护域名称映射数据库记录或资源记录。每个登记的域都将自己的数据库列表提供给整个网络复制。

目前负责管理全世界 IP 地址的单位是国际互联网络信息中心（Internet Network Information Center，InterNIC），在 InterNIC 之下的 DNS 结构共分为若干个域（Domain）。图 6-1 所示的阶层式树状结构，称为域名空间（Domain Name Space）。

图 6-1　域名空间结构

> **注意**　域名和主机名只能用字母 a~z（在 Windows 服务器中大小写等效，而在 UNIX 中则不同）、数字 0~9 和连线"−"组成。其他公共字符，如连接符"&"、斜杠"/"、句点"."和下划线"_"都不能用于表示域名和主机名。

1. 根域

图 6-1 中，位于层次结构最顶端的是域名树的根，提供根域名服务，用"."表示。在 Internet 中，根域是默认的，一般都不需要表示出来。全世界共有 13 台根域服务器，它们分布于世界各大洲，并由 InterNIC 管理。根域名服务器中并没有保存任何网址，只具有初始指针指向第一层域，也就是顶级域，如 com、edu、net 等。

2. 顶级域

顶级域位于根域之下，数目有限，且不能轻易变动。顶级域也是由 InterNIC 统一管理的。在互联网中，顶级域大致分为两类：各种组织的顶级域（机构域）和各个国家地区的顶级域（地理域）。顶级域包含的部分域名称如表 6-1 所示。

表 6-1　顶级域包含的部分域名称

域　名　称	说　　明
com	商业机构
edu	教育、学术研究单位
gov	官方政府单位
net	网络服务机构
org	财团法人等非营利机构
mil	军事部门
其他国家或地区代码	代表其他国家/地区的代码，如 cn 表示中国，jp 为日本

111

3. 子域

在域名空间中，除了根域和顶级域之外，其他域都称为子域。子域是有上级域的域，一个域可以有许多个子域。子域是相对而言的，如在 www.jnrp.edu.cn 中，jnrp.edu 是 cn 的子域，jnrp 是 edu.cn 的子域。表 6-2 给出了域名层次结构中的若干层。

表 6-2　域名层次结构中的若干层

域　　名	域名层次结构中的位置
.	根是唯一一没有名称的域
.cn	顶级域名称，中国子域
.edu.cn	二级域名称，中国的教育部门
.jnrp.edu.cn	子域名称，教育网中的济南铁道职业技术学院

和根域相比，顶级域实际是处于第二层的域，但它们还是被称为顶级域。根域从技术的含义上是一个域，但常常不被当作一个域。根域只有很少几个根级成员，它们的存在只是为了支持域名树的存在。

第二层域（顶级域）是属于单位团体或地区的，用域名的最后一部分即域后缀来分类。例如，域名 edu.cn 代表中国的教育系统。多数域后缀可以反映使用这个域名所代表的组织的性质，但并不总是很容易就能通过域后缀来确定所代表的组织、单位的性质。

4. 主机

在域名层次结构中，主机可以存在于根以下的各层上。因为域名树是层次型的而不是平面型的，因此只要求主机名在每一连续的域名空间中是唯一的，而在相同层中可以有相同的名字。例如，www.163.com、www.263.com 和 www.sohu.com 都是有效的主机名。也就是说，即使这些主机有相同的名字 www，但都可以被正确地解析到唯一的主机，即只要是在不同的子域，就可以重名。

6.1.2　DNS 名称的解析方法

DNS 名称的解析方法主要有两种，一种是通过 hosts 文件进行解析，另一种是通过 DNS 服务器进行解析。

1. hosts 文件

hosts 文件解析只是 Internet 中最初使用的一种查询方式。采用 hosts 文件进行解析时，必须由人工输入、删除、修改所有 DNS 名称与 IP 地址的对应数据，即把全世界所有的 DNS 名称写在一个文件中，并将该文件存储到解析服务器上。客户端如果需要解析名称，就到解析服务器上查询 hosts 文件。全世界所有的解析服务器上的 hosts 文件都需保持一致。当网络规模较小时，hosts 文件解析还是可以采用的。然而，当网络越来越大时，为保持网络所有服务器中 hosts 文件的一致性，就需要大量的管理和维护工作。在大型网络中，这将是一项沉重的负担，此种方法显然是不适用的。

在 Windows Server 2012 R2 中，hosts 文件位于%systemroot%\system32\drivers\etc 目录中，本例为 C:\windows\system32\drivers\etc。该文件是一个纯文本文件，如图 6-2 所示。

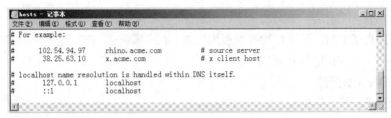

图 6-2　Windows Server 2012 R2 中的 hosts 文件

2. DNS 服务器

DNS 服务器是目前 Internet 上最常用，也是最便捷的名称解析方法。全世界有众多 DNS 服务器各司其职，互相呼应，协同工作，构成了一个分布式的 DNS 名称解析网络。例如，jnrp.cn 的 DNS 服务器只负责本域内数据的更新，而其他 DNS 服务器并不知道，也无须知道 jnrp.cn 域中有哪些主机，但它们知道 jnrp.cn 的 DNS 服务器的位置；当需要解析 www.jnrp. cn 时，它们就会向 jnrp.cn 的 DNS 服务器请求帮助。采用这种分布式解析结构时，一台 DNS 服务器出现问题并不会影响整个体系，而数据的更新操作也只在其中的一台或几台 DNS 服务器上进行，使整体的解析效率大大提高。

6.1.3　DNS 服务器的类型

DNS 服务器用于实现 DNS 名称和 IP 地址的双向解析。在网络中，主要有 4 种类型的 DNS 服务器：主 DNS 服务器、辅助 DNS 服务器、转发 DNS 服务器和唯缓存 DNS 服务器。

1. 主 DNS 服务器

主 DNS 服务器（Primary Name Server）是特定 DNS 域所有信息的权威性信息源。它从域管理员构造的本地数据库文件（区域文件，Zone File）中加载域信息，该文件包含该服务器具有管理权的 DNS 域的最精确信息。

主 DNS 服务器保存着自主生成的区域文件，该文件是可读可写的。当 DNS 域中的信息发生变化时（如添加或删除记录），这些变化都会保存到主 DNS 服务器的区域文件中。

2. 辅助 DNS 服务器

辅助 DNS 服务器（Secondary Name Server）可以从主 DNS 服务器中复制一整套域信息。该服务器的区域文件是从主 DNS 服务器中复制生成的，并作为本地文件存储。这种复制称为"区域传输"。在辅助 DNS 服务器中存有一个域所有信息的完整只读副本，可以对该域的解析请求提供权威的回答。由于辅助 DNS 服务器的区域文件仅是只读副本，因此无法更改，所有针对区域文件的更改必须在主 DNS 服务器上进行。在实际应用中，辅助 DNS 服务器主要用于均衡负载和容错。如果主 DNS 服务器出现故障，可以根据需要将辅助 DNS 服务器转换为主 DNS 服务器。

3. 转发 DNS 服务器

转发 DNS 服务器（Forwarder Name Server）可以向其他 DNS 转发解析请求。当 DNS 服务器收到客户端的解析请求后，它首先会尝试从其本地数据库中查找；若未能找到，则需要向其他指定的 DNS 服务器转发解析请求；其他 DNS 服务器完成解析后会返回解析结果，转发 DNS 服务器将该解析结果缓存在自己的 DNS 缓存中，并向客户端返回解析结果。在缓存期内，如果客户端请求解析相同的名称，则转发 DNS 服务器会立即回应客户端；否则，将会再次发生转发解析的过程。

目前网络中所有的 DNS 服务器均被配置为转发 DNS 服务器，向指定的其他 DNS 服务器或根域服务器转发自己无法完成的解析请求。

4. 唯缓存 DNS 服务器

唯缓存 DNS 服务器（Caching-only Name Server）可以提供名称解析服务器，但其没有任何本地数据库文件。唯缓存 DNS 服务器必须同时是转发 DNS 服务器。它将客户端的解析请求转发给指定的远程 DNS 服务器，从远程 DNS 服务器取得每次解析的结果，并将该结果存储在 DNS 缓存中，以后收到相同的解析请求时就用 DNS 缓存中的结果。所有的 DNS 服务器都按这种方式使用缓存中的信息，但唯缓存服务器则依赖于这一技术实现所有的名称解析。

当刚安装好 DNS 服务器时，它就是一台缓存 DNS 服务器。

唯缓存服务器并不是权威性的服务器，因为它提供的所有信息都是间接信息。

说明　① 所有的 DNS 服务器均可使用 DNS 缓存机制相应解析请求，以提高解析效率。

② 可以根据实际需要将上述几种 DNS 服务器结合，进行合理配置。

③ 一些域的主 DNS 服务器可以是另一些域的辅助 DNS 服务器。

④ 一个域只能部署一个主 DNS 服务器，它是该域的权威性信息源；另外至少应该部署一个辅助 DNS 服务器，将作为主 DNS 服务器的备份。

⑤ 配置唯缓存 DNS 服务器可以减轻主 DNS 服务器和辅助 DNS 服务器的负载，从而提高网络传输效率。

6.1.4　DNS 名称解析的查询模式

当 DNS 客户端向 DNS 服务器发送解析请求或 DNS 服务器向其他 DNS 服务器转发解析请求时，均需要使用适当的查询模式请求其所需的解析结果。目前使用的查询模式主要有递归查询和迭代查询两种。

1. 递归查询

递归查询是最常见的查询方式，域名服务器将代替提出请求的客户机（下级 DNS 服务器）进行域名查询。若域名服务器不能直接回答，则域名服务器会在域各树中的各分支的上下进行递归查询，最终返回查询结果给客户机。在域名服务器查询期间，客户机完全处于等待状态。

2. 迭代查询（又称转寄查询）

当服务器收到 DNS 工作站的查询请求后，如果在 DNS 服务器中没有查到所需数据，该 DNS 服务器便会告诉 DNS 工作站另外一台 DNS 服务器的 IP 地址，然后由 DNS 工作站自行向此 DNS 服务器查询，以此类推，直到查到所需数据为止。如果到最后一台 DNS 服务器都没有查到所需数据，则通知 DNS 工作站查询失败。"转寄"的意思就是若在某地查不到，该地就会告诉用户其他地方的地址，让用户转到其他地方去查。一般，在 DNS 服务器之间的查询请求属于转寄查询（DNS 服务器也可以充当 DNS 工作站的角色），在 DNS 客户端与本地 DNS 服务器之间的查询属于递归查询。

下面以查询 www.163.com 为例，介绍转寄查询的过程，如图 6-3 所示。

图 6-3　转寄查询

① 客户端向本地 DNS 服务器直接查询 www.163.com 的域名。

② 本地 DNS 无法解析此域名，先向根域服务器发出请求，查询.com 的 DNS 地址。

> **说明**　① 正确安装完 DNS 后，在 DNS 属性中的"根目录提示"选项卡中，系统显示了包含在解析名称中为要使用和参考的服务器所建议的根服务器的根提示列表，默认共有 13 个。
>
> ② 目前全球共有 13 个域名根服务器。1 个为主根服务器，放置在美国。其余 12 个均为辅助根服务器，其中美国 9 个、欧洲 2 个（英国和瑞典各 1 个）、亚洲 1 个（日本）。所有的根服务器均由互联网名称与数字地址分配机构（the Internet Corporation for Assigned Names and Numbers，ICANN）统一管理。

③ 根域 DNS 管理对.com、.net、.org 等顶级域名的地址解析。它收到请求后，把解析结果（管理.com 域的服务器地址）返回给本地的 DNS 服务器。

④ 本地 DNS 服务器得到查询结果后，接着向管理.com 域的 DNS 服务器发出进一步的查询请求，要求得到 163.com 的 DNS 地址。

⑤ .com 域把解析结果（管理 163.com 域的服务器地址）返回给本地 DNS 服务器。

⑥ 本地 DNS 服务器得到查询结果后，接着向管理 163.com 域的 DNS 服务器发出查询具体主机 IP 地址的请求（www），要求得到满足要求的主机 IP 地址。

⑦ 163.com 把解析结果返回给本地 DNS 服务器。

⑧ 本地 DNS 服务器得到了最终的查询结果。它把这个结果返回给客户端，从而使客户端能够和远程主机通信。

> **提示**　为了便于根据实际情况来分散 DNS 名称管理工作的负荷，将 DNS 命名空间划分为区域（Zone）来进行管理。详细内容请参考人民邮电出版社网站资料"DNS 区域、DNS 规划与域名申请.pdf"。

6.2 项目设计与准备

1. 部署需求

在部署 DNS 服务器前需满足以下要求。

- 设置 DNS 服务器的 TCP/IP 属性，手工指定 IP 地址、子网掩码、默认网关和 DNS 服务器地址等。

- 部署域环境，域名为 long.com。

2. 部署环境

任务 6-1、任务 6-2 和任务 6-3 的所有实例部署在同一个域环境下，域名为 long.com。其中 DNS 服务器主机名为 WIN2012-1，其本身也是域控制器，IP 地址为 192.168.10.1。DNS 客户机主机名为 WIN2012-2，其本身是域成员服务器，IP 地址为 192.168.10.2。这两台计算机都是域中的计算机，具体网络拓扑图如图 6-4 所示。

图 6-4 架设 DNS 服务器网络拓扑图

6.3 项目实施

任务 6-1 添加 DNS 服务器

设置 DNS 服务器的首要任务就是建立 DNS 区域和域的树状结构。DNS 服务器以区域为单位来管理服务。区域是一个数据库，用来链接 DNS 名称和相关数据，如 IP 地址和网络服务，在 Internet 环境中一般用二级域名来命名，如 computer.com。而 DNS 区域分为两类：一类是正向搜索区域，即域名到 IP 地址的数据库，用于提供将域名转换为 IP 地址的服务；另一类是反向搜索区域，即 IP 地址到域名的数据库，用于提供将 IP 地址转换为域名的服务。

> **注意** DNS 数据库由区域文件、缓存文件和反向搜索文件等组成，其中区域文件是最主要的，它保存着 DNS 服务器所管辖区域的主机的域名记录。默认的文件名是"区域名.dns"，在 Windows NT/2000/2003/2008 系统中，置于"windows\system32\dns"目录中。而缓存文件用于保存根域中的 DNS 服务器名称与 IP 地址的对应表，文件名为 Cache.dns。DNS 服务就是依赖于 DNS 数据库实现的。

1. 安装 DNS 服务器角色

在安装 Active Directory 域服务角色时，可以选择一起安装 DNS 服务器角色，如果没有安装，那么可以在计算机 WIN2012-1 上通过"服务器管理器"安装 DNS 服务器角色，具体步骤如下。

STEP 1 单击"开始"→"管理工具"→"服务器管理器"→"仪表板"选项的"添加角色和功能"，持续单击"下一步"按钮，直到出现图 6-5 所示的"选择服务器角色"窗口时勾选"DNS 服务器"复选框，单击"添加功能"按钮。

图 6-5 "选择服务器角色"窗口

STEP 2 持续单击"下一步"按钮，最后单击"安装"按钮，开始安装 DNS 服务器。安装完毕，单击"关闭"按钮，完成 DNS 服务器角色的安装。

2. DNS 服务的停止和启动

要启动或停止 DNS 服务，可以使用 net 命令、"DNS 管理器"控制台或"服务"控制台，具体步骤如下。

（1）使用 net 命令

以域管理员账户登录 WIN2012-1，单击左下角的 PowerShell 按钮，输入命令"net stop dns"停止 DNS 服务，输入命令"net start dns"启动 DNS 服务。

（2）使用"DNS 管理器"控制台

单击"开始"→"管理工具"→"DNS"，打开 DNS 管理器控制台，在左侧控制台树中用鼠标右键单击服务器 WIN2012-1，在弹出的菜单中选择"所有任务"→"停止"或"启动"或"重新启动"，即可停止或启动 DNS 服务，如图 6-6 所示。

（3）使用"服务"控制台

单击"开始"→"管理工具"→"DNS"，打开"服务"控制台，找到"DNS Server"服务，选择"启动"或"停止"操作即可启动或停止 DNS 服务。

图6-6 "DNS 管理器"窗口

任务 6-2 部署主 DNS 服务器的 DNS 区域

在域控制器上安装完 DNS 服务器角色之后，将存在一个与 Active Directory 域服务集成的区域 long.com。为了实现任务 6-2 实例，将其删除。删除该域以后再完成以下任务。

1. 创建正向主要区域

在 DNS 服务器上创建正向主要区域"long.com"，具体步骤如下。

STEP 1 在 WIN2012-1 上，单击"开始"→"管理工具"→"DNS"，打开 DNS 管理器控制台，展开 DNS 服务器目录树，如图 6-7 所示。用鼠标右键单击"正向查找区域"选项，在弹出的快捷菜单中选择"新建区域"选项，显示"新建区域向导"。

STEP 2 单击"下一步"按钮，出现图 6-8 所示的"区域类型"对话框，选择要创建的区域类型，有"主要区域""辅助区域"和"存根区域"3 种。若要创建新的区域，应当选中"主要区域"单选按钮。

图6-7 DNS 管理器

图6-8 区域类型

> **注意** 如果当前 DNS 服务器上安装了 Active Directory 服务，则"在 Active Directory 中存储区域"复选框将自动选中。

STEP 3 单击"下一步"按钮，选择在网络上如何复制 DNS 数据，本例选择"至此域中域控制器上运行的所有 DNS 服务器（D）: long.com"选项，如图 6-9 所示。

STEP 4 单击"下一步"按钮，在"区域名称"框（见图 6-10）中设置要创建的区域名称，如 long.com。区域名称用于指定 DNS 命名空间的部分，由此实现 DNS 服务器管理。

图 6-9　Active Directory 区域传送作用域　　　　　图 6-10　区域名称

STEP 5 单击"下一步"按钮，选择"只允许安全的动态更新"选项。

STEP 6 单击"下一步"按钮，显示新建区域摘要。单击"完成"按钮，完成区域创建。

> **注意** 由于是活动目录集成的区域，所以不指定区域文件，否则指定区域文件 long.com.dns。

2. 创建反向查找区域

反向查找区域用于通过 IP 地址来查询 DNS 名称。创建的具体过程如下。

STEP 1 在 DNS 控制台中，选择反向查找区域，单击鼠标右键，在弹出的快捷菜单中选择"新建区域"（见图 6-11），并在区域类型中选择"主要区域"（见图 6-12）。

STEP 2 在"反向查找区域名称"对话框中，选择"IPv4 反向查找区域"选项，如图 6-13 所示。

STEP 3 在如图 6-14 所示的对话框中输入网络 ID 或者反向查找区域名称，本例中输入的是网络 ID，区域名称根据网络 ID 自动生成。例如，当输入网络 ID 为 192.168.10.时，反向查找区域的名称自动为 10.168.192.in-addr.arpa。

STEP 4 单击"下一步"按钮，选择"只允许安全的动态更新"选项。

STEP 5 单击"下一步"按钮，显示新建区域摘要。单击"完成"按钮，完成区域创建。

图 6-15 所示为创建后的效果。

图 6-11　新建反向查找区域

图 6-12　选择区域类型

图 6-13　IPv4 反向查找区域

图 6-14　网络 ID 反向查找区域

图 6-15　创建正、反向区域后的 DNS 管理器

3. 创建资源记录

DNS 服务器需要根据区域中的资源记录提供该区域的名称解析。因此，在区域创建完成之后，需要在区域中创建所需的资源记录。

（1）创建主机记录

创建 WIN2012-1 对应的主机记录。

STEP 1 以域管理员账户登录 WIN2012-1，打开 DNS 管理控制台，在左侧控制台树中选择要创建资源记录的正向主要区域 long.com，然后在右侧控制台窗口空白处单击鼠标右键或用鼠标右键单击要创建资源记录的正向主要区域，在弹出的菜单中选择相应功能项即可创建资源记录，如图 6-16 所示。

STEP 2 选择"新建主机"，打开"新建主机"对话框，通过此对话框可以创建 A 记录，如图 6-17 所示。

图 6-16　创建资源记录

图 6-17　创建 A 记录

- 在"名称"文本框中输入 A 记录的名称，该名称即为主机名，本例为 WIN2012-2。
- 在"IP 地址"文本框中输入该主机的 IP 地址，本例为 192.168.10.2。
- 若选中"创建相关的指针（PTR）记录"复选框，则在创建 A 记录的同时，可在已经存在的相应反向主要区域中创建 PTR 记录。若之前没有创建对应的反向主要区域，则不能成功创建 PTR 记录。本例不选中，后面单独建立 PTR 记录。

（2）创建别名记录

WIN2012-1 同时还是 Web 服务器，为其设置别名 www。步骤如下。

STEP 1 在图 6-16 所示的窗口中，选择"新建别名（CNAME）"，打开"新建资源记录"对话框的"别名（CNAME）"选项卡，通过此选项卡可以创建 CNAME 记录，如图 6-18 所示。

STEP 2 在"别名"文本框中输入一个规范的名称（本例为 www），单击"浏览"按钮，选中起别名的目的服务器域名（本例为 WIN2012-1.long.com）。或者直接输入目的服务器的名称。在"目标主机的完全合格的域名（FQDN）"文本框中，输入需要定义别名的完整 DNS 域名。

（3）创建邮件交换器记录

WIN2012-1 同时还是 mail 服务器。在图 6-16 中，选择"新建邮件交换器（MX）"，打开"新建资源记录"对话框的"邮件交换器（MX）"选项卡，通过此选项卡可以创建 MX 记录，如图 6-19 所示。

STEP 1 在"主机或子域"文本框中输入 MX 记录的名称，该名称将与所在区域的名称一起构成邮件地址中"@"右面的后缀。例如，邮件地址为 yy@long.com，则应将 MX 记录的名称设置为空（使用其中所属域的名称 long.com）；如果邮件地址为 yy@mail. long.com，则应输入 mail 为 MX 记录的名称记录。本例输入 mail。

图 6-18　创建 CNAME 记录

图 6-19　创建 MX 记录

STEP 2 在"邮件服务器的完全限定的域名（FQDN）"文本框中，输入该邮件服务器的名称（此名称必须是已经创建的对应于邮件服务器的 A 记录）。本例为 WIN2012-1. long.com。

STEP 3 在"邮件服务器优先级"文本框中设置当前 MX 记录的优先级；如果存在两个或更多的 MX 记录，则在解析时将首选优先级高的 MX 记录。

（4）创建指针记录

STEP 1 以域管理员账户登录 WIN2012-1，打开 DNS 管理控制台。

STEP 2 在左侧控制台树中选择要创建资源记录的反向主要区域 10.168.192.in-addr.arpa，然后在右侧控制台窗口空白处单击鼠标右键或用鼠标右键单击要创建资源记录的反向主要区域，在弹出的菜单中选择"新建指针（PTR）"命令（见图6-20），在打开的"新建资源记录"对话框的"指针（PTR）"选项卡中即可创建 PTR 记录（见图6-21）。同理创建 192.168.10.1 的指针记录。

图 6-20　创建 PTR 记录（1）

图 6-21　创建 PTR 记录（2）

STEP 3 资源记录创建完成之后，在 DNS 管理控制台和区域数据库文件中都可以看到这些资源记录，如图 6-22 所示。

图 6-22　通过 DNS 管理控制台查看反向区域中的资源记录

> **注意** 如果区域是和 Active Directory 域服务集成，那么资源记录将保存到活动目录中；如果不是和 Active Directory 域服务集成，那么资源记录将保存到区域文件中。默认 DNS 服务器的区域文件存储在"C:\windows\system32\dns"下。若不集成活动目录，则本例正向区域文件为 long.com.dns，反向区域文件为 10.168.192.in-addr.arpa.dns。这两个文件可以用记事本打开。

任务 6-3　配置 DNS 客户端并测试主 DNS 服务器

1. 配置 DNS 客户端

可以通过手工方式配置 DNS 客户端，也可以通过 DHCP 自动配置 DNS 客户端（要求 DNS 客户端是 DHCP 客户端）。

STEP 1 以管理员账户登录 DNS 客户端计算机 WIN2012-2，打开"Internet 协议版本 4（TCP/IPv4）属性"对话框，在"首选 DNS 服务器"编辑框中设置所部署的主 DNS 服务器 WIN2012-1 的 IP 地址为 192.168.10.1，如图 6-23 所示。最后单击"确定"按钮即可。

STEP 2 通过 DHCP 自动配置 DNS 客户端，参考"项目 7 配置与管理 DHCP 服务器"。

2. 测试 DNS 服务器

部署完主 DNS 服务器并启动 DNS 服务后，应该对 DNS 服务器进行测试，最常用的测试工具是 nslookup 和 ping 命令。

nslookup 是用来手动查询 DNS 的最常用工具，可以判断 DNS 服务器工作是否正常。如果有故障的话，可以判断可能的故障原因。它的一般命令用法如下。

图 6-23　配置 DNS 客户端，指定 DNS 服务器的 IP 地址

```
nslookup  [-option…]  [host to find]  [sever]
```

这个工具可以用于两种模式：非交互模式和交互模式。

（1）非交互模式

非交互模式要从命令行输入完整的命令，例如：

```
C:\>nslookup  www.long.com
```

（2）交互模式

键入 nslookup 并回车，不需要参数，就可以进入交互模式。在交互模式下，直接输入 FQDN 进行查询。

任何一种模式都可以将参数传递给 nslookup，但在域名服务器出现故障时，更多地使用交互模式。在交互模式下，可以在提示符 ">" 下输入 help 或 "?" 来获得帮助信息。

下面在客户端 WIN2012-2 的交互模式下，测试上面部署的 DNS 服务器。

STEP 1 进入 PowerShell 或者在"运行"中输入"CMD"，进入 nslookup 测试环境，如图 6-24 所示。

STEP 2 测试主机记录，如图 6-25 所示。

图6-24　nslookup 测试环境

图6-25　测试主机记录

STEP 3 测试正向解析的别名记录，如图 6-26 所示。

图6-26　测试正向解析的别名记录

STEP 4 测试 MX 记录，如图 6-27 所示。

图6-27　测试 MX 记录

> **说明** set type 表示设置查找的类型。set type=mx 表示查找邮件服务器记录；
> set type=cname 表示查找别名记录；set type=A 表示查找主机记录；
> set type=PRT 表示查找指针记录；set type=NS 表示查找区域信息。

STEP 5 测试指针记录，如图 6-28 所示。

图 6-28　测试指针记录

STEP 6 查找区域信息，结束退出 nslookup 环境，如图 6-29 所示。

图 6-29　查找区域信息

> **做一做** 可以利用"ping 域名或 IP 地址"简单测试 DNS 服务器与客户端的配置，读者不妨
> 试一试。

3. 管理 DNS 客户端缓存

① 进入 PowerShell 或者在"运行"中输入 CMD，进入命令提示符。

② 查看 DNS 客户端缓存，命令如下。

```
C:\>ipconfig /displaydns
```

③ 清空 DNS 客户端缓存，命令如下。

```
C:\>ipconfig /flushdns
```

6.4　习题

一、填空题

1. ＿＿＿＿＿是一个用于存储单个 DNS 域名的数据库，是域名空间树状结构的一部分，它将域名空间分区为较小的区段。

2. DNS 顶级域名中表示官方政府单位的是＿＿＿＿＿。

3. ＿＿＿＿＿表示邮件交换的资源记录。

4. 可以用来检测 DNS 资源创建是否正确的两个工具是＿＿＿＿＿、＿＿＿＿＿。

5. DNS 服务器的查询方式有_____、_____。

二、选择题

1. 某企业的网络工程师安装了一台基本的 DNS 服务器，用来提供域名解析。网络中的其他计算机都作为这台 DNS 服务器的客户机。他在服务器创建了一个标准主要区域，在一台客户机上使用 nslookup 工具查询一个主机名称，DNS 服务器能够正确地将其 IP 地址解析出来。可是当使用 nslookup 工具查询该 IP 地址时，DNS 服务器却无法将其主机名称解析出来。请问：应如何解决这个问题？（　　　）

A. 在 DNS 服务器反向解析区域中，为这条主机记录创建相应的 PTR 指针记录

B. 在 DNS 服务器区域属性上设置允许动态更新

C. 在要查询的这台客户机上运行命令 Ipconfig /registerdns

D. 重新启动 DNS 服务器

2. 在 Windows Server 2012 R2 的 DNS 服务器上不可以新建的区域类型有（　　　）。

A. 转发区域　　　　B. 辅助区域　　　　C. 存根区域　　　　D. 主要区域

3. DNS 提供了一个（　　　）命名方案。

A. 分级　　　　B. 分层　　　　C. 多级　　　　D. 多层

4. DNS 顶级域名中表示商业组织的是（　　　）。

A. com　　　　B. gov　　　　C. mil　　　　D. org

5. （　　　）表示别名的资源记录。

A. MX　　　　B. SOA　　　　C. CNAME　　　　D. PTR

三、简答题

1. DNS 的查询模式有哪几种？

2. DNS 的常见资源记录有哪些？

3. DNS 的管理与配置流程是什么？

4. DNS 服务器属性中的"转发器"的作用是什么？

5. 什么是 DNS 服务器的动态更新？

四、案例分析

某企业安装了自己的 DNS 服务器，为企业内部客户端计算机提供主机名称解析。然而企业内部的客户除了访问内部的网络资源外，还想访问 Internet 资源。作为企业的网络管理员，应该怎样配置 DNS 服务器？

6.5 项目实训　配置与管理 DNS 服务器

一、实训目的

- 掌握 DNS 的安装与配置。
- 掌握两个以上的 DNS 服务器的建立与管理。
- 掌握 DNS 正向查询和反向查询的功能及配置方法。
- 掌握各种 DNS 服务器的配置方法。
- 掌握 DNS 资源记录的规划和创建方法。

6-1　配置与管理 DNS 服务器

二、项目背景

本次实训项目依据的网络拓扑图如图 6-4 所示。

三、项目要求

（1）依据图 6-4 完成任务：添加 DNS 服务器，部署主 DNS 服务器，配置 DNS 客户端并测试主 DNS 服务器的配置。

（2）依据电子资料完成任务：部署唯缓存 DNS 服务器、配置转发器、测试唯缓存 DNS 服务器。

（3）依据电子资料完成任务：部署 DNS 的委派服务。

四、做一做

根据实训项目录像进行项目的实训，检查学习效果。

项目 7
配置与管理DHCP服务器

　　某高校已经组建了学校的校园网，然而随着笔记本电脑的普及，教师移动办公以及学生移动学习的现象越来越多。当计算机从一个网络移动到另一个网络时，需要重新获知新网络的 IP 地址、网关等信息，并对计算机进行设置。这样，客户端就需要知道整个网络的部署情况，需要知道自己处于哪个网段、哪些 IP 地址是空闲的，以及默认网关是多少等信息，不仅令用户感到烦琐，同时也为网络管理员规划网络分配 IP 地址带来了困难。网络中的用户需要无论处于网络中的什么位置，都不需要配置 IP 地址、默认网关等信息就能够上网。这就需要在网络中部署 DHCP 服务器。

　　在完成该项目之前，首先应当对整个网络进行规划，确定网段的划分以及每个网段可能的主机数量等信息。

本项目学习要点

- 了解 DHCP 服务器在网络中的作用。
- 理解 DHCP 的工作过程。
- 掌握 DHCP 服务器的基本配置。
- 掌握 DHCP 客户端的配置和测试。

- 掌握常用 DHCP 选项的配置。
- 理解在网络中部署 DHCP 服务器的解决方案。
- 掌握常见 DHCP 服务器的维护。

7.1 项目基础知识

　　手动设置每一台计算机的 IP 地址是管理员最不愿意做的一件事，于是出现了自动配置 IP 地址的方法，这就是动态主机配置协议（Dynamic Host Configuration Protocol，DHCP），它可以自动为局域网中的每一台计算机分配 IP 地址，并完成每台计算机的 TCP/IP 配置，包括 IP 地址、子网掩码、网关及 DNS 服务器等。DHCP 服务器能够从预先设置的 IP 地址池中自动给主机分配 IP 地址，它不仅能够解决 IP 地址冲突的问题，还能及时回收 IP 地址以提高 IP 地址的利用率。

7.1.1 DHCP 地址分配类型

　　DHCP 允许 3 种类型的地址分配方式。
- 自动分配方式。当 DHCP 客户端第一次成功地从 DHCP 服务器端租用到 IP 地址之后，就永远使用这个地址。

● 动态分配方式。当 DHCP 客户端第一次从 DHCP 服务器端租用到 IP 地址之后，并非永久地使用该地址，只要租约到期，客户端就得释放这个 IP 地址，以给其他工作站使用。当然，客户端可以比其他主机更优先地更新租约，或是租用其他 IP 地址。

● 手工分配方式。DHCP 客户端的 IP 地址是由网络管理员指定的，DHCP 服务器只是把指定的 IP 地址告诉客户端。

7.1.2 DHCP 服务的工作过程

1. DHCP 工作站第一次登录网络

当 DHCP 客户机启动登录网络时，通过以下步骤从 DHCP 服务器获得租约。

① DHCP 客户机在本地子网中先发送 DHCP Discover 报文。此报文以广播的形式发送，因为客户机现在不知道 DHCP 服务器的 IP 地址。

② 在 DHCP 服务器收到 DHCP 客户机广播的 DHCP Discover 报文后，它向 DHCP 客户机发送 DHCP Offer 报文，其中包括一个可租用的 IP 地址。

如果没有 DHCP 服务器对客户机的请求做出反应，可能发生以下两种情况。

● 如果客户使用的是 Windows 2000 及后续版本 Windows 操作系统，且自动设置 IP 地址的功能处于激活状态，那么客户端将自动从 Microsoft 保留 IP 地址段中选择一个自动私有地址（Automatic Private IP Address，APIPA）作为自己的 IP 地址。自动私有 IP 地址的范围是 169.254.0.1～169.254.255.254。使用自动私有 IP 地址可以确保在 DHCP 服务器不可用时，DHCP 客户端之间仍然可以利用私有 IP 地址进行通信。所以，即使在网络中没有 DHCP 服务器，计算机之间仍能通过网上邻居发现彼此。

● 如果使用其他操作系统或自动设置 IP 地址的功能被禁止，则客户机无法获得 IP 地址，初始化失败。但客户机在后台每隔 5min 发送 4 次 DHCP Discover 报文，直到它收到 DHCP Offer 报文。

● 一旦客户机收到 DHCP Offer 报文，它就发送 DHCP Request 报文到服务器，表示它将使用服务器提供的 IP 地址。

● DHCP 服务器在收到 DHCP Request 报文后，立即发送 DHCP YACK 确认报文，以确定此租约成立，且此报文还包含其他 DHCP 选项信息。

图 7-1 过程解析图

客户机收到确认信息后，利用其中的信息，配置它的 TCP/IP 并加入网络中。上述过程如图 7-1 所示。

2. DHCP 工作站第 2 次登录网络

DHCP 客户机获得 IP 地址后再次登录网络时，就不需要再发送 DHCP Discover 报文了，而是直接发送包含前一次分配的 IP 地址的 DHCP Request 报文。DHCP 服务器收到 DHCP Request 报文，会尝试让客户机继续使用原来的 IP 地址，并回答一个 DHCP YACK（确认信息）报文。

如果 DHCP 服务器无法将原来的 IP 地址分配给客户机，则回答一个 DHCP NACK（不确认信息）报文。当客户机接收到 DHCP NACK 报文后，就必须重新发送 DHCP Discover 报文来请求新的 IP 地址。

3. DHCP 租约的更新

DHCP 服务器将 IP 地址分配给 DHCP 客户机后，有租用时间的限制，DHCP 客户机必须在该次租用过期前对它进行更新。客户机在 50%租借时间过去以后，每隔一段时间就开始请求 DHCP 服务器更新当前租借。如果 DHCP 服务器应答，则租用延期。如果 DHCP 服务器始终没有应答，在有效租借期的 87.5%时，客户机应该与任何一个其他 DHCP 服务器通信，并请求更新它的配置信息。如果客户机不能和所有的 DHCP 服务器取得联系，租借时间到期后，它就必须放弃当前的 IP 地址，并重新发送一个 DHCP Discover 报文开始上述 IP 地址获得过程。

客户端可以主动向服务器发出 DHCP Release 报文，将当前的 IP 地址释放。

7.2 项目设计与准备

部署 DHCP 之前应该先进行规划，明确哪些 IP 地址用于自动分配给客户端（作用域中应包含的 IP 地址），哪些 IP 地址用于手工指定给特定的服务器。例如，在项目中，将 IP 地址 192.168.10.1~200/24 用于自动分配，将 IP 地址 192.168.10.100/24～192.168.10.120/24、192.168.10.10/24 排除，预留给需要手工指定 TCP/IP 参数的服务器，将 192.168.10.200/24 用作保留地址等。

根据图 7-2 所示的环境来部署 DHCP 服务。

图 7-2　架设 DHCP 服务器的网络拓扑图

> **注意**　一定要排除掉用于手工配置的 IP 地址（见图 7-2 中的 192.168.10.100124 和 192.168.10.1124），否则会造成 IP 地址冲突。请读者思考原因。

7.3 项目实施

任务 7-1　安装 DHCP 服务器角色

STEP 1 单击"开始"→"管理工具"→"服务器管理器"→"仪表板"→"添加角色和功

能"，持续单击"下一步"按钮，直到出现图 7-3 所示的"选择服务器角色"窗口时，勾选"DHCP 服务器"复选框，单击"添加功能"按钮。

图 7-3 "选择服务器角色"窗口

STEP 2 持续单击"下一步"按钮，最后单击"安装"按钮，开始安装 DHCP 服务器。安装完毕，单击"关闭"按钮，完成 DHCP 服务器角色的安装。

STEP 3 单击"关闭"按钮关闭向导，DHCP 服务器安装完成。单击"开始"→"管理工具"→"DHCP"，打开 DHCP 控制台，如图 7-4 所示，可以在此配置和管理 DHCP 服务器。

图 7-4 DHCP 控制台

任务 7-2 授权 DHCP 服务器

Windows Server 2012 R2 为使用活动目录的网络提供了集成的安全性支持。针对 DHCP 服务器，它提供了授权的功能。通过这一功能可以对网络中配置正确的合法 DHCP 服务器进行授权，允许它们对客户端自动分配 IP 地址。同时，还能够检测未授权的非法 DHCP 服务器，以及防止这些服务器在网络中启动或运行，从而提高了网络的安全性。

1. 对域中的 DHCP 服务器进行授权

如果 DHCP 服务器是域的成员，并且在安装 DHCP 服务过程中没有选择授权，在安装完成后就必须先授权，才能为客户端计算机提供 IP 地址，独立服务器不需要授权。步骤如下。

在图 7-4 所示的窗口中，用鼠标右键单击 DHCP 服务器 WIN2012-1.long.com，选择快捷菜单中的"授权"选项，即可为 DHCP 服务器授权，重新打开 DHCP 控制台，如图 7-5 所示，显示 DHCP 服务器已授权：IPv4 前面图标中的红色向下箭头变为了绿色对勾。

图 7-5　DHCP 服务器已授权

2. 为什么要授权 DHCP 服务器

由于 DHCP 服务器为客户端自动分配 IP 地址时均采用广播机制，而且客户端在发送 DHCP Request 消息选择 IP 租用时，也只是简单地选择第一个收到的 DHCP Offer，这意味着在整个 IP 租用过程中，网络中所有的 DHCP 服务器都是平等的。如果网络中的 DHCP 服务器都是正确配置的，则网络能够正常运行。如果在网络中出现了错误配置的 DHCP 服务器，则可能会引发网络故障。例如，错误配置的 DHCP 服务器可能会为客户端分配不正确的 IP 地址，导致该客户端无法进行正常的网络通信。在图 7-6 所示的网络环境中，配置正确的 DHCP 服务器 dhcp 可以为客户端提供符合网络规划的 IP 地址 192.168.2.10~200/24，而配置错误的非法 DHCP 服务器 bad_dhcp 为客户端提供的是不符合网络规划的 IP 地址 10.0.0.11~100/24。对于网络中的 DHCP 客户端 client 来说，由于在自动获得 IP 地址的过程中，两台 DHCP 服务器具有平等的被选择权，因此 client 将有 50% 的可能性获得一个由 bad_dhcp 提供的 IP 地址，这意味着网络出现故障的可能性将高达 50%。

图 7-6　网络中出现非法的 DHCP 服务器

为了解决这一问题，Windows Server 2012 R2 引入了 DHCP 服务器的授权机制。通过授权机制，DHCP 服务器在服务于客户端之前，需要验证是否已在 AD 中被授权。如果未经授权，将不能为客户端分配 IP 地址。这样就避免了由于网络中出现错误配置的 DHCP 服务器而导致的大多数意外网络故障。

> **注意** ① 在工作组环境中，DHCP 服务器肯定是独立的服务器，无须授权（也不能授权）即可向客户端提供 IP 地址。②在域环境中，域控制器或域成员身份的 DHCP 服务器能够被授权，为客户端提供 IP 地址。③在域环境中，独立服务器身份的 DHCP 服务器不能被授权，若域中有被授权的 DHCP 服务器，则该服务器不能为客户端提供 IP 地址；若域中没有被授权的 DHCP 服务器，则该服务器可以为客户端提供 IP 地址。

任务 7-3　创建 DHCP 作用域

在 Windows Server 2012 R2 中，作用域可以在安装 DHCP 服务的过程中创建，也可以在安装完成后在 DHCP 控制台中创建。一台 DHCP 服务器可以创建多个不同的作用域。如果在安装时没有建立作用域，也可以单独建立 DHCP 作用域。具体步骤如下。

STEP 1 在 WIN2012-1 上打开 DHCP 控制台，展开服务器名，选择 IPv4，用鼠标右键单击并选择快捷菜单中的"新建作用域"选项，运行新建作用域向导。

STEP 2 单击"下一步"按钮，显示"作用域名"对话框，在"名称"文本框中输入新作用域的名称，用来与其他作用域相区分。

STEP 3 单击"下一步"按钮，显示图 7-7 所示的"IP 地址范围"对话框。在"起始 IP 地址"和"结束 IP 地址"文本框中输入欲分配的 IP 地址范围。

STEP 4 单击"下一步"按钮，显示图 7-8 所示的"添加排除和延迟"对话框，设置客户端的排除地址。在"起始 IP 地址"和"结束 IP 地址"文本框中输入欲排除的 IP 地址或 IP 地址段，单击"添加"按钮，添加到"排除的地址范围"列表框中。

图 7-7　"IP 地址范围"对话框

图 7-8　"添加排除和延迟"对话框

STEP 5 单击"下一步"按钮，显示"租用期限"对话框，设置客户端租用 IP 地址的时间。

STEP 6 单击"下一步"按钮，显示"配置 DHCP 选项"对话框，提示是否配置 DHCP 选项，选择默认的"是，我想现在配置这些选项"单选按钮。

STEP 7 单击"下一步"按钮，显示图 7-9 所示的"路由器（默认网关）"对话框，在"IP

地址"文本框中输入要分配的网关，单击"添加"按钮添加到列表框中。本例为 192.168.10.100。

STEP 8 单击"下一步"按钮，显示"域名称和 DNS 服务器"对话框。在"父域"文本框中输入进行 DNS 解析时使用的父域，在"IP 地址"文本框中输入 DNS 服务器的 IP 地址，本例为192.168.10.1。单击"添加"按钮添加到列表框中，如图 7-10 所示。

图 7-9 "路由器（默认网关）"对话框

图 7-10 "域名称和 DNS 服务器"对话框

STEP 9 单击"下一步"按钮，显示"WINS 服务器"对话框，设置 WINS 服务器。如果网络中没有配置 WINS 服务器，则不必设置。

STEP 10 单击"下一步"按钮，显示"激活作用域"对话框，询问是否要激活作用域。建议选择默认的"是，我想现在激活此作用域"。

STEP 11 单击"下一步"按钮，显示 "正在完成新建作用域向导"对话框。

STEP 12 单击"完成"按钮，作用域创建完成并自动激活。

任务 7-4 保留特定的 IP 地址

如果用户想保留特定的 IP 地址给指定的客户机，以便DHCP 客户机在每次启动时都获得相同的 IP 地址，就需要将该IP 地址与客户机的 MAC 地址绑定。设置步骤如下。

STEP 1 打开"DHCP"控制台，在左窗格中选择作用域中的"保留"选项。

STEP 2 执行"操作"→"添加"命令，打开"新建保留"对话框，如图 7-11 所示。

STEP 3 在"IP 地址"文本框中输入要保留的 IP 地址。本例为 192.168.10.200。

STEP 4 在"MAC 地址"文本框中输入 IP 地址要保留给哪一个网卡。

STEP 5 在"保留名称"文本框中输入客户名称。注意此名称只是一般的说明文字，并不是用户账号的名称，但此处

图 7-11 "新建保留"对话框

不能为空白。

STEP 6 如果有需要，可以在"描述"文本框内输入一些描述此客户的说明性文字。

添加完成后，用户可利用作用域中的"地址租约"选项进行查看。大部分情况下，客户机使用的仍然是以前的 IP 地址。也可用以下方法更新。

* ipconfig /release：释放现有 IP。
* ipconfig /renew：更新 IP。

STEP 7 在 MAC 地址为 00155D0A6409 的计算机 WIN2012-3 上进行测试，结果如图 7-12 所示。

图 7-12 保留地址测试结果

 注意 如果在设置保留地址时，网络上有多台 DHCP 服务器存在，则用户需要在其他服务器中将此保留地址排除，以便客户机可以获得正确的保留地址。

任务 7-5 配置 DHCP 选项

DHCP 服务器除了可以为 DHCP 客户机提供 IP 地址外，还可以设置 DHCP 客户机启动时的工作环境，如可以设置客户机登录的域名称、DNS 服务器、WINS 服务器、路由器、默认网关等。在客户机启动或更新租约时，DHCP 服务器可以自动设置客户机启动后的 TCP/IP 环境。

DHCP 服务器提供了许多选项，如默认网关、域名、DNS、WINS、路由器等。选项包括 4 种类型。

* 默认服务器选项：这些选项的设置影响 DHCP 控制台窗口下该服务器下所有作用域中的客户和类选项。
* 作用域选项：这些选项的设置只影响该作用域下的地址租约。
* 类选项：这些选项的设置只影响被指定使用该 DHCP 类 ID 的客户机。
* 保留客户选项：这些选项的设置只影响指定的保留客户。

如果在服务器选项与作用域选项中设置了不同的选项，则作用域的选项起作用，即在应用时，作用域选项将覆盖服务器选项。同理，类选项会覆盖作用域选项，保留客户选项会覆盖以上 3 种选项，它们的优先级如下。

保留客户选项 ＞ 类选项 ＞ 作用域选项 ＞ 默认服务器选项

为了进一步了解选项设置，以在作用域中添加 DNS 选项为例，说明 DHCP 的选项设置。

STEP 1 打开"DHCP"窗口，在左窗格中展开服务器，选择"作用域选项"，执行"操作"→"配置选项"命令。

STEP 2 打开"作用域选项"对话框，如图 7-13 所示。在"常规"选项卡的"可用选项"列表中，选择"006 DNS 服务器"复选框，输入 IP 地址。单击"确定"按钮结束。

图 7-13　设置作用域选项

任务 7-6　配置 DHCP 客户端和测试

1. 配置 DHCP 客户端

目前常用的操作系统均可作为 DHCP 客户端，本任务仅以 Windows 平台为客户端进行配置。在 Windows 平台中配置 DHCP 客户端非常简单。

① 在客户端 WIN2012-2 上，打开"Internet 协议版本 4（TCP/IPv4）属性"对话框。

② 选中"自动获得 IP 地址"和"自动获得 DNS 服务器地址"两项即可。

提示　由于 DHCP 客户机是在开机时自动获得 IP 地址的，因此并不能保证每次获得的 IP 地址都是相同的。

2. 测试 DHCP 客户端

在 DHCP 客户端上打开命令提示符窗口，通过 ipconfig /all 和 ping 命令对 DHCP 客户端进行测试，如图 7-14 所示。

3. 手动释放 DHCP 客户端 IP 地址租约

在 DHCP 客户端上打开命令提示符窗口，使用 ipconfig /release 命令手动释放 DHCP 客户端 IP 地址租约。请读者试着做一下。

4. 手动更新 DHCP 客户端 IP 地址租约

在 DHCP 客户端上打开命令提示符窗口，使用 ipconfig /renew 命令手动更新 DHCP 客户端 IP 地址租约。请读者试着做一下。

5. 在 DHCP 服务器上验证租约

使用具有管理员权限的用户账户登录 DHCP 服务器，打开 DHCP 管理控制台。在左侧控制台树中双击 DHCP 服务器，在展开的树中双击作用域，然后单击"地址租约"选项，可以看到从当前 DHCP 服务器的当前作用域中租用 IP 地址的租约，如图 7-15 所示。

图 7-14　测试 DHCP 客户端

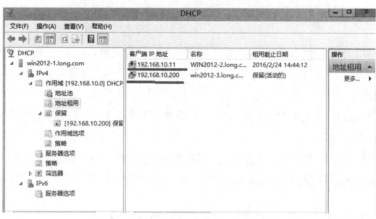

图 7-15　IP 地址租约

7.4　习题

一、填空题

1. DHCP 工作过程包括＿＿＿＿＿、＿＿＿＿＿＿、＿＿＿＿＿＿、＿＿＿＿＿＿4 种报文。

2. 如果 Windows 的 DHCP 客户端无法获得 IP 地址，将自动从 Microsoft 保留地址段
＿＿＿＿＿＿中选择一个作为自己的地址。

3. 在 Windows Server 2012 R2 的 DHCP 服务器中，根据不同的应用范围划分的不同级别
的 DHCP 选项包括＿＿＿＿＿＿、＿＿＿＿＿＿、＿＿＿＿＿＿、＿＿＿＿＿＿。

4. 在 Windows Server 2012 R2 环境下，使用＿＿＿＿＿＿命令可以查看 IP 地址配置，释放 IP
地址使用＿＿＿＿＿＿命令，续订 IP 地址使用＿＿＿＿＿＿命令。

二、选择题

1. 在一个局域网中利用 DHCP 服务器为网络中的所有主机提供动态 IP 地址分配，DHCP

服务器的 IP 地址为 192.168.2.1/24，在服务器上创建一个作用域 192.168.2.11~200/24 并激活。在 DHCP 服务器选项中设置 003 为 192.168.2.254，在作用域选项中设置 003 为 192.168.2.253，则网络中租用到 IP 地址 192.168.2.20 的 DHCP 客户端所获得的默认网关地址应为（　　）。

    A. 192.168.2.1　B. 192.168.2.254　　C. 192.168.2.253　　D. 192.168.2.20

    2. DHCP 选项的设置中，不可以设置的是（　　）。

    A. DNS 服务器　B. DNS 域名　　　　C. WINS 服务器　　D. 计算机名

    3. 使用 Windows Server 2012 R2 的 DHCP 服务时，当客户机租约使用时间超过租约的 50% 时，客户机会向服务器发送（　　）数据包，以更新现有的地址租约。

    A. DHCPDISCOVER　　　　　　　　B. DHCPOFFER

    C. DHCPREQUEST　　　　　　　　D. DHCPIACK

    4. 下列哪个命令是用来显示网络适配器的 DHCP 类别信息的？（　　　）

    A. ipconfig /all　　　　　　　　　　B. ipconfig /release

    C. ipconfig /renew　　　　　　　　D. ipconfig/showclassid

三、简答题

    1. 动态 IP 地址方案有什么优点和缺点？简述 DHCP 服务器的工作过程。

    2. 如何配置 DHCP 作用域选项？如何备份与还原 DHCP 数据库？

四、案例分析

    1. 某企业用户反映，他的一台计算机从人事部搬到财务部后就不能连接到 Internet 了。这是什么原因？应该怎么处理？

    2. 学校因为计算机数量增加，需要在 DHCP 服务器上添加一个新的作用域。可用户反映客户端计算机并不能从服务器获得新的作用域中的 IP 地址。可能是什么原因？如何处理？

7.5　项目实训　配置与管理 DHCP 服务器

一、实训目的

- 掌握 DHCP 服务器的配置方法。
- 掌握 DHCP 的用户类别的配置。
- 掌握测试 DHCP 服务器的方法。

7-1　配置与管理 DHCP 服务器

二、项目背景

本项目根据图 7-2 所示的环境来部署 DHCP 服务。

三、项目要求

    ① 将 DHCP 服务器的 IP 地址池设为 192.168.2.10~200/24。

② 将 IP 地址 192.168.2.104/24 预留给需要手工指定 TCP/IP 参数的服务器。

③ 将 192.168.2.100 用作保留地址。

④ 增加一台客户端 WIN2012-3，要使 WIN2012-2 客户端与 WIN2012-3 客户端自动获取的路由器和 DNS 服务器地址不同。

四、做一做

根据实训项目录像进行项目的实训，检查学习效果。

项目 8
配置与管理Web服务器

目前，大部分公司都有自己的网站，用来实现信息发布、资料查询、数据处理、网络办公、远程教育和视频点播等功能，还可以用来实现电子邮件服务。搭建网站要靠 Web 服务来实现，而在中小型网络中使用最多的系统是 Windows Server 系统，因此微软公司的 IIS 系统提供的 Web 服务和 FTP 服务也成为使用最为广泛的服务。

本项目学习要点

- 学会 IIS 的安装与配置。
- 学会 Web 网站的配置与管理。

- 学会创建 Web 网站和虚拟主机。
- 学会 Web 网站的目录管理。

8.1 项目基础知识

IIS 提供了基本服务，包括发布信息、传输文件、支持用户通信和更新这些服务所依赖的数据存储。

1. 万维网发布服务

通过将客户端 HTTP 请求连接到在 IIS 中运行的网站上，万维网发布服务向 IIS 最终用户提供 Web 发布。WWW 服务管理 IIS 的核心组件，这些组件处理 HTTP 请求并配置和管理 Web 应用程序。

2. 文件传输协议服务

通过文件传输协议（File Transfer Protocol，FTP）服务，IIS 提供对管理和处理文件的完全支持。该服务使用传输控制协议（Transmission Control Protocol，TCP），从而确保了文件传输的完成和数据传输的准确。该版本的 FTP 支持在站点级别上隔离用户，以帮助管理员保护其 Internet 站点的安全并使之商业化。

3. 简单邮件传输协议服务

使用简单邮件传输协议（Simple Mail Transfer Protocol，SMTP）服务，IIS 能够发送和接收电子邮件。例如，为确认用户提交表格成功，可以对服务器编程以自动发送邮件来响应事件。也可以使用 SMTP 服务接收来自网站客户反馈的消息。SMTP 不支持完整的电子邮件服务，要提供完整的电子邮件服务，可使用 Microsoft Exchange Server。

4．网络新闻传输协议服务

可以使用网络新闻传输协议（Network News Transfer Protocol，NNTP）服务主控单个计算机上的 NNTP 本地讨论组。因为该功能完全符合 NNTP，所以用户可以使用任何新闻阅读客户端程序加入新闻组进行讨论。

5．管理服务

该项功能管理 IIS 配置数据库，并为 WWW 服务、FTP 服务、SMTP 服务和 NNTP 服务更新 Microsoft Windows 操作系统注册表。配置数据库用来保存 IIS 的各种配置参数。IIS 管理服务对其他应用程序公开配置数据库，这些应用程序包括 IIS 核心组件、在 IIS 上建立的应用程序以及独立于 IIS 的第三方应用程序（如管理或监视工具）。

8.2　项目设计与准备

在架设 Web 服务器之前，读者需要了解本任务实例部署的需求和实验环境。

1．部署需求

在部署 Web 服务前需满足以下要求。

- 设置 Web 服务器的 TCP/IP 属性，手工指定 IP 地址、子网掩码、默认网关和 DNS 服务器 IP 地址等。
- 部署域环境，域名为 long.com。

2．部署环境

本节任务所有实例都部署在一个域环境下，域名为 long.com。其中 Web 服务器主机名为 WIN2012-1，其本身也是域控制器和 DNS 服务器，IP 地址为 192.168.10.1。Web 客户机主机名为 WIN2012-2，其本身是域成员服务器，IP 地址为 192.168.10.2。网络拓扑图如图 8-1 所示。

图 8-1　架设 Web 服务器网络拓扑图

8.3　项目实施

任务 8-1　安装 Web 服务器（IIS）角色

在计算机 WIN2012-1 上通过"服务器管理器"安装 Web 服务器（IIS）角色，具体步骤如下。

STEP 1 单击"开始"→"管理工具"→"服务器管理器"→"仪表板"→"添加角色和功能"，持续单击"下一步"按钮，直到出现图 8-2 所示的"选择服务器角色"窗口时勾选"Web 服务器（IIS）"复选框，单击"添加功能"按钮。

图 8-2 "选择服务器角色"窗口

 提示 如果在前面安装某些角色时，安装了功能和部分 Web 角色，界面将稍有不同，这时请注意勾选"FTP 服务器"和"安全性"中的"IP 地址和域限制"。

STEP 2 持续单击"下一步"按钮，直到出现图 8-3 所示的"角色服务"窗口。全部选中"安全性"，同时勾选"FTP 服务器"。

图 8-3 "角色服务"对话框

STEP 3 单击"安装"按钮开始安装 Web 服务器。安装完成后，显示"安装结果"窗口，单击"关闭"按钮完成安装。

> **提示** 在此将"FTP 服务器"复选框选中，在安装 Web 服务器的同时，也安装了 FTP 服务器。建议安装"角色服务"全部选项，特别是身份验证方式。如果"角色服务"安装不完全，后面做有关"网站安全"的实训时，会有部分功能不能使用。

安装完 IIS 以后，还应对该 Web 服务器进行测试，以检测网站是否正确安装并运行。在局域网中的一台计算机（本例为 WIN2012-2）上，通过浏览器打开以下 3 种地址格式进行测试。

- DNS 域名地址（延续前面的 DNS 设置）: http://WIN2012-1.long.com/。
- IP 地址: http://192.168.10.1/。
- 计算机名: http://WIN2012-1/。

如果 IIS 安装成功，则会在 IE 浏览器中显示图 8-4 所示的网页。如果没有显示出该网页，则检查 IIS 是否出现问题或重新启动 IIS 服务，也可以删除 IIS 重新安装。

图 8-4　IIS 安装成功

任务 8-2　创建 Web 网站

在 Web 服务器上创建一个新网站 web，使用户在客户端计算机上能通过 IP 地址和域名进行访问。

1. 创建使用 IP 地址访问的 Web 网站

创建使用 IP 地址访问的 Web 网站的具体步骤如下。

（1）停止默认网站

以域管理员账户登录 Web 服务器上，打开"开始"→"管理工具"→"Internet Information Services（IIS）管理器"控制台。在控制台树中依次展开服务器和"网站"节点。用鼠标右键单击"Default Web Site"，在弹出的快捷菜单中选择"管理网站"→"停止"，即可停止正在运行的默认网站，如图 8-5 所示。停止后，默认网站的状态显示为"已停止"。

（2）准备 Web 网站内容

在 C 盘上创建文件夹"C:\web"作为网站的主目录，并在该文件夹中存放网页 index.htm 作为网站的首页，网站首页可以用记事本或 Dreamweaver 软件编写。

图 8-5 停止默认网站（Default Web Site）

（3）创建 Web 网站

STEP 1 在"Internet Information Services（IIS）管理器"控制台树中，展开服务器节点，用鼠标右键单击"网站"，在弹出的菜单中选择"添加网站"，打开"添加网站"对话框。在该对话框中可以指定网站名称、应用程序池、网站内容目录、传递身份验证、网站类型、IP 地址、端口号、主机名以及是否启动网站。在此设置网站名称为 web，物理路径为"C:\web"，类型为 http，IP 地址为 192.168.10.1，默认端口号为 80，如图 8-6 所示。单击"确定"按钮，完成 Web 网站的创建。

STEP 2 返回"Internet Information Services（IIS）管理器"控制台，可以看到刚才创建的网站已经启动，如图 8-7 所示。

图 8-6 "添加网站"对话框

图 8-7 "Internet Information Services（IIS）管理器"控制台

STEP 3 用户在客户端计算机 WIN2012-2 上打开浏览器，输入"http://192.168.10.1"就可以访问刚才建立的网站了。

> **注意** 在图 8-7 中，双击右侧窗格中的"默认文档"，打开图 8-8 所示的"默认文档"窗口。可以对默认文档进行添加、删除及更改顺序的操作。

图 8-8　设置默认文档

所谓默认文档，是指在 Web 浏览器中键入 Web 网站的 IP 地址或域名即显示出来的 Web 页面，也就是通常所说的主页（HomePage）。IIS 8.0 默认文档的文件名有 5 种，分别为 Default.htm、Default.asp、index.htm、index.html 和 iisstar.htm。这也是一般网站中最常用的主页名。如果 Web 网站无法找到这 5 个文件中的任何一个，那么，将在 Web 浏览器上显示"该页无法显示"的提示。默认文档既可以是一个，也可以是多个。当设置多个默认文档时，IIS 将按照排列的前后顺序依次调用这些文档。当第一个文档存在时，将直接把它显示在用户的浏览器上，而不再调用后面的文档；第一个文档不存在时，将第二个文件显示给用户，以此类推。

> **思考与实践** 由于本例首页文件名为 index.htm，所以在客户端直接输入 IP 地址即可浏览网站。如果网站首页的文件名不在列出的 5 个默认文档中，该如何处理？请读者试着做一下。

2. 创建使用域名访问的 Web 网站

创建用域名 www.long.com 访问的 Web 网站，具体步骤如下。

STEP 1 在 WIN2012-1 上打开"DNS 管理器"控制台，依次展开服务器和"正向查找区域"节点，单击区域 long.com。

STEP 2 创建别名记录。用鼠标右键单击区域 long.com，在弹出的快捷菜单中选择"新建别名"，出现"新建资源记录"对话框。在"别名"文本框中输入 www，在"目标主机的完全合格的域名（FQDN）"文本框中输入 WIN2012-1.long.com。

STEP 3 单击"确定"按钮，别名创建完成。

STEP 4 用户在客户端计算机 WIN2012-2 上，打开浏览器，输入 http://www.long.com

就可以访问刚才建立的网站。

> **注意** 保证客户端计算机 WIN2012-2 的 DNS 服务器的地址是 192.168.10.1。

任务 8-3　管理 Web 网站的目录

在 Web 网站中，Web 内容文件都会保存在一个或多个目录树下，包括 HTML 内容文件、Web 应用程序和数据库等，甚至有的会保存在多个计算机上的多个目录中。因此，为了使其他目录中的内容和信息也能够通过 Web 网站发布，可通过创建虚拟目录来实现。当然，也可以在物理目录下直接创建目录来管理内容。

1. 虚拟目录与物理目录

在 Internet 上浏览网页时，经常会看到一个网站下面有许多子目录，这就是虚拟目录。虚拟目录只是一个文件夹，并不一定位于主目录内，但在浏览 Web 站点的用户看来，就像位于主目录中一样。

对于任何一个网站，都需要使用目录来保存文件，即可以将所有的网页及相关文件都存放到网站的主目录之下，也就是在主目录之下建立文件夹，然后将文件放到这些子文件夹内，这些文件夹也称物理目录。也可以将文件保存到其他物理文件夹内，如本地计算机或其他计算机内，然后通过虚拟目录映射到这个文件夹，每个虚拟目录都有一个别名。虚拟目录的好处是在不需要改变别名的情况下，可以随时改变其对应的文件夹。

在 Web 网站中，默认发布主目录中的内容。但如果要发布其他物理目录中的内容，就需要创建虚拟目录。虚拟目录也就是网站的子目录，每个网站都可能会有多个子目录，不同的子目录内容不同，在磁盘中会用不同的文件夹来存放不同的文件。例如，使用 BBS 文件夹存放论坛程序，用 image 文件夹存放网站图片等。

2. 创建虚拟目录

在 www.long.com 对应的网站上创建一个名为 BBS 的虚拟目录，其路径为本地磁盘中的"C:\MY_BBS"文件夹，该文件夹下有个文档 index.htm。具体创建过程如下。

STEP 1 以域管理员身份登录 WIN2012-1。在 IIS 管理器中，展开左侧的"网站"目录树，选择要创建虚拟目录的网站 web，单击右键鼠标，在弹出的快捷菜单中选择"添加虚拟目录"选项，显示虚拟目录创建向导。利用该向导便可为该虚拟网站创建不同的虚拟目录。

STEP 2 在"别名"文本框中设置该虚拟目录的别名，本例为 bbs，用户用该别名来连接虚拟目录。该别名必须唯一，不能与其他网站或虚拟目录重名。在"物理路径"文本框中输入该虚拟目录的文件夹路径，或单击"浏览"按钮选择，本例为"C:\MY_BBS"。这里既可使用本地计算机上的路径，也可以使用网络中的文件夹路径。设置完成如图 8-9 所示。

图 8-9　添加虚拟目录

STEP 3 用户在客户端计算机 WIN2012-2 上打开浏览器，输入 http://www.long.com/bbs 就可以访问 C:\MY_BBS 中的默认网站。

任务 8-4　架设多个 Web 网站

使用 IIS 8.0 的虚拟主机技术，通过分配 TCP 端口、IP 地址和主机头名，可以在一台服务器上建立多个虚拟 Web 网站。每个网站都具有唯一的，由端口号、IP 地址和主机头名 3 部分组成的网站标识，用来接收来自客户端的请求。不同的 Web 网站可以提供不同的 Web 服务，而且每一个虚拟主机和一台独立的主机完全一样。这种方式适用于企业或组织需要创建多个网站的情况，可以节省成本。

不过，这种虚拟技术将一个物理主机分割成多个逻辑上的虚拟主机使用，虽然能够节省经费，对于访问量较小的网站来说比较经济实惠，但由于这些虚拟主机共享这台服务器的硬件资源和带宽，所以在访问量较大时容易出现资源不够用的情况。

架设多个 Web 网站可以通过以下 3 种方式。

- 使用不同 IP 地址架设多个 Web 网站。
- 使用不同端口号架设多个 Web 网站。
- 使用不同主机头架设多个 Web 网站。

在创建一个 Web 网站时，要根据企业本身现有的条件，如投资的多少、IP 地址的多少、网站性能的要求等，选择不同的虚拟主机技术。

1. 使用不同端口号架设多个 Web 网站

如今 IP 地址资源越来越紧张，有时需要在 Web 服务器上架设多个网站，但计算机只有一个 IP 地址，这该怎么办呢？利用这一个 IP 地址，使用不同的端口号也可以达到架设多个网站的目的。

其实，用户访问所有的网站都需要使用相应的 TCP 端口。不过，Web 服务器默认的 TCP 端口为 80，在用户访问时不需要输入。但如果网站的 TCP 端口不为 80，在输入网址时就必须添加上端口号，而且用户在上网时也会经常遇到必须使用端口号才能访问网站的情况。利用 Web 服务的这个特点，可以架设多个网站，每个网站均使用不同的端口号。使用这种方式创建的网站，其域

名或 IP 地址部分完全相同，仅端口号不同。只是用户在使用网址访问时，必须添加相应的端口号。

在同一台 Web 服务器上使用同一个 IP 地址、两个不同的端口号（80、8080）创建两个网站，具体步骤如下。

（1）新建第 2 个 Web 网站

STEP 1 以域管理员账户登录到 Web 服务器 WIN2012-1 上。

STEP 2 在 "Internet 信息服务（IIS）管理器"控制台中，创建第 2 个 Web 网站，网站名称为web2，内容目录物理路径为 C:\web2，IP 地址为192.168.10.1，端口号为 8080，如图 8-10 所示。

（2）在客户端上访问两个网站

在 WIN2012-2 上打开 IE 浏览器，分别输入http://192.168.10.1 和 http://192.168.10.1:8080，这时会发现打开了两个不同的网站 web 和 web2。

图 8-10　"添加网站"对话框

提示 如果在访问 Web2 时出现不能访问的情况，请检查防火墙，最好将全部防火墙（包括域的防火墙）关闭！后面类似问题不再说明。

2. 使用不同的主机头名架设多个 Web 网站

使用 www.long.com 访问第 1 个 Web 网站，使用 www1.long.com 访问第 2 个 Web 网站。具体步骤如下。

（1）在区域 long.com 上创建别名记录

STEP 1 以域管理员账户登录到 Web 服务器 WIN2012-1 上。

STEP 2 打开"DNS 管理器"控制台，依次展开服务器和"正向查找区域"节点，单击区域 long.com。

STEP 3 创建别名记录。用鼠标右键单击区域 long.com，在弹出的快捷菜单中选择"新建别名"，出现"新建资源记录"对话框。在"别名"文本框中输入 www1，在"目标主机的完全合格的域名（FQDN）"文本框中输入 WIN2012-1.long.com。

STEP 4 单击"确定"按钮，别名创建完成，如图 8-11 所示。

图 8-11 DNS 配置结果

（2）设置 Web 网站的主机名

STEP 1 以域管理员账户登录 Web 服务器，打开第 1 个 Web 网站 web 的"编辑绑定"对话框，选中 192.168.10.1 地址行，单击"编辑"按钮，打开"编辑网站绑定"对话框，在"主机名"文本框中输入 www.long.com，端口为 80，IP 地址为 192.168.10.1，如图 8-12 所示。最后单击"确定"按钮即可。

STEP 2 打开第 2 个 Web 网站 web2 的"编辑绑定"对话框，选中 192.168.10.1 地址行，单击"编辑"按钮，打开"编辑网站绑定"对话框，在"主机名"文本框中输入 www2.long.com，端口改为 80，IP 地址为 192.168.10.1，如图 8-13 所示。最后单击"确定"按钮即可。

图 8-12 设置第 1 个 Web 网站的主机名

图 8-13 设置第 2 个 Web 网站的主机名

（3）在客户端上访问两个网站

在 WIN2012-2 上，保证 DNS 首要地址是 192.168.10.1。打开 IE 浏览器，分别输入 http://www.long.com 和 http://www1. long.com，这时会发现打开了两个不同的网站 web 和 web2。

3. 使用不同的 IP 地址架设多个 Web 网站

如果要在一台 Web 服务器上创建多个网站，为了使每个网站域名都能对应于独立的 IP 地址，一一般都使用多个 IP 地址来实现。这种方案称为 IP 虚拟主机技术，也是比较传统的解决方案。当然，为了使用户在浏览器中可使用不同的域名来访问不同的 Web 网站，必须将主机名及其对应的 IP 地址添加到域名解析系统（DNS）。如果使用此方法在 Internet 上维护多个网站，也需要通过 InterNIC 注册域名。

要使用多个 IP 地址架设多个网站，首先需要在一台服务器上绑定多个 IP 地址。而 Windows 2008 及 Windows Server 2012 R2 系统均支持在一台服务器上安装多块网卡，一张网卡可以绑定多个 IP 地址。再将这些 IP 地址分配给不同的虚拟网站，就可以达到一台服务器利用多个 IP 地址来架设多个 Web 网站的目的。例如，要在一台服务器上创建两个网站：Linux.long.com 和 Windows.long.com，对应的 IP 地址分别为 192.168.10.1 和 192.168.10.20，需要在服务器网卡中添加这两个地址。具体步骤如下。

（1）在 WIN2012-1 上再添加第 2 个 IP 地址

STEP 1 以域管理员账户登录 Web 服务器，用鼠标右键单击桌面右下角任务托盘区域的网络连接图标，选择快捷菜单中的"打开网络和共享中心"选项，打开 "网络和共享中心"窗口。

STEP 2 单击"本地连接"，打开"本地连接状态"对话框。

STEP 3 单击"属性"按钮，显示"本地连接属性"对话框。Windows Server 2012 R2 中包含 IPv6 和 IPv4 两个版本的 Internet 协议，并且默认都已启用。

STEP 4 在"此连接使用下列项目"选项框中选择"Internet 协议版本 4（TCP/IP）"，单击"属性"按钮，显示"Internet 协议版本 4（TCP/IPv4）属性"对话框。单击"高级"按钮，打开"高级 TCP/IP 设置"对话框。

STEP 5 单击"添加"按钮，在 TCP/IP 对话框中输入 IP 地址 192.168.10.20，子网掩码为 255.255.255.0。单击"确定"按钮，完成设置，如图 8-14 所示。

（2）更改第 2 个网站的 IP 地址和端口号

以域管理员账户登录 Web 服务器，打开第 2 个 Web 网站 web 的"编辑绑定"对话框，选中 192.168.10.1 地址行，单击"编辑"按钮，打开"编辑网站绑定"对话框，在"主机名"文本框中不输入内容（清空原有内容），端口为 80，IP 地址为 192.168.10.20，如图 8-15 所示，最后单击"确定"按钮即可。

图 8-14　高级 TCP/IP 设置

图 8-15　"编辑网站绑定"对话框

（3）在客户端上进行测试

在 WIN2012-2 上，打开 IE 浏览器，分别输入 http://192.168.10.1 和 http://192.168.10.20，这时会发现打开了两个不同的网站 web 和 web2。

8.4 习题

一、填空题

1. 微软 Windows Server 2012 家族的因特网信息服务（Internet Information Server，IIS）在_____、_____或_____上提供了集成、可靠、可伸缩、安全和可管理的 Web 服务器功能，为动态网络应用程序创建强大的通信平台的工具。

2. Web 中的目录分为两种类型：_____和_____。

二、简答题

1. 简述架设多个 Web 网站的方法。
2. IIS 8.0 提供的服务有哪些？
3. 什么是虚拟主机？

8.5 项目实训 配置与管理 Web 服务器

一、实训目的

- 掌握 Web 服务器的配置方法。

二、项目背景

本项目根据图 8-1 所示的环境来部署 Web 服务器。

8-1 配置与管理
Web和FTP服务器

三、项目要求

根据网络拓扑图（见图 8-1），完成如下任务。
（1）安装 Web 服务器。
（2）创建 Web 网站。
（3）管理 Web 网站目录。
（4）管理 Web 网站的安全。
（5）管理 Web 网站的日志。
（6）架设多个 Web 网站。

四、做一做

根据实训项目录像进行项目的实训，检查学习效果。

项目 9
配置与管理FTP服务器

　　文件传输协议（File Transfer Protocol，FTP）是用来在两台计算机之间传输文件的通信协议，这两台计算机，一台是 FTP 服务器，一台是 FTP 客户端。FTP 客户端可以从 FTP 服务器下载文件，也可以将文件上传到 FTP 服务器。

本项目学习要点

- FTP 概述。
- 安装 FTP 服务器。
- 创建虚拟目录。

- 创建虚拟机。
- 配置与使用客户端。
- 在配置域环境下隔离 FTP 服务器。

9.1　项目基础知识

　　以 HTTP 为基础的 WWW 服务功能虽然强大，但对于文件传输来说却略显不足。一种专门用于文件传输的服务 FTP 服务应运而生。

　　FTP 服务就是文件传输服务，它具备更强的文件传输可靠性和更高的效率。

9.1.1　FTP 工作原理

　　FTP 大大简化了文件传输的复杂性，它能够使文件通过网络从一台主机传送到另外一台计算机上却不受计算机和操作系统类型的限制。无论是 PC、服务器、大型机，还是 IOS、Linux、Windows操作系统，只要双方都支持FTP，就可以方便、可靠地传送文件。

　　FTP 服务的具体工作过程如图 9-1 所示。

　　（1）客户端向服务器发出连接请求，同时客户端系统动态地打开一个大于 1024 的端口（如1031 端口）等候服务器连接。

　　（2）若 FTP 服务器在端口 21 侦听到该请求，则会在客户端的 1031 端口和服务器的 21 端口之间建立起一个 FTP 会话连接。

　　（3）当需要传输数据时，FTP 客户端再动态地打开一个大于 1024 的端口（如 1032 端口）连接到服务器的 20 端口，并在这两个端口之间传输数据。当数据传输完毕，这两个端口会自动关闭。

图 9-1　FTP 服务的工作过程

（4）当 FTP 客户端断开与 FTP 服务器的连接时，客户端上动态分配的端口将自动释放。

9.1.2　匿名用户

FTP 服务不同于 WWW，它首先要求登录到服务器上，然后再传输文件，这对于很多公开提供软件下载的服务器来说十分不便，于是匿名用户访问就诞生了。通过使用一个共同的用户名 anonymous，密码不限的管理策略（一般使用用户的邮箱作为密码即可），让任何用户都可以很方便地从这些服务器上下载软件。

9.2　项目设计与准备

在架设 FTP 服务器之前，需要了解本任务实例的部署需求和实验环境。

1. 部署需求

在部署 FTP 服务前需满足以下要求。

- 设置 FTP 服务器的 TCP/IP 属性，手工指定 IP 地址、子网掩码、默认网关和 DNS 服务器 IP 地址等。
- 部署域环境，域名为 long.com。

2. 部署环境

本节任务的所有实例都被部署在一个域环境下，域名为 long.com。其中 FTP 服务器主机名为 WIN2012-1，其本身也是域控制器和 DNS 服务器，IP 地址为 192.168.10.1。FTP 客户机主机名为 WIN2012-2，其本身是域成员服务器，IP 地址为 192.168.10.2。网络拓扑图如图 9-2 所示。

图 9-2 架设 FTP 服务器网络拓扑图

9.3 项目实施

任务 9-1 创建和访问 FTP 站点

在任务 8-1 中，在计算机 WIN2012-1 上通过"服务器管理器"安装 Web 服务器（IIS）角色，同时也安装了 FTP 服务器。

在 FTP 服务器上创建一个新网站 ftp，使用户在客户端计算机上能通过 IP 地址和域名进行访问。

1. 创建使用 IP 地址访问的 FTP 站点

创建使用 IP 地址访问的 FTP 站点的具体步骤如下。

（1）准备 FTP 主目录

在 C 盘上创建文件夹 C:\ftp 作为 FTP 主目录，并在该文件夹存放一个文件 ftile1.txt，供用户在客户端计算机上下载和上传测试。

（2）创建 FTP 站点

STEP 1 在"Internet Information Services（IIS）管理器"控制台树中，用鼠标右键单击服务器 WIN2012-1，在弹出的快捷菜单中选择"添加 FTP 站点"，如图 9-3 所示，打开"添加 FTP 站点"对话框。

图 9-3 Internet Information Services（IIS）管理器-添加 FTP 站点

STEP 2 在"FTP 站点名称"文本框中输入 ftp，物理路径为 C:\ftp，如图 9-4 所示。

图 9-4 "添加 FTP 站点"对话框

STEP 3 单击"下一步"按钮，打开图 9-5 所示的"绑定和 SSL 设置"对话框，在"IP 地址"文本框中输入 192.168.10.1，端口为 21，在 SSL 选项区下面选中"无 SSL"单选按钮。

图 9-5 "绑定和 SSL 设置"对话框

STEP 4 单击"下一步"按钮，打开图 9-6 所示的"身份验证和授权信息"对话框，输入相应信息。本例允许匿名访问，也允许特定用户访问。

 注意 访问 FTP 服务器主目录的最终权限由此处的权限与用户对 FTP 主目录的 NTFS 权限共同作用，哪一个严格就采用哪一个。

（3）测试 FTP 站点

用户在客户端计算机 WIN2012-2 上，打开浏览器或资源管理器，输入 ftp://192.168.10.1 就可以访问刚才建立的 FTP 站点。

2. 创建使用域名访问的 FTP 站点

创建使用域名访问的 FTP 站点的具体步骤如下。

（1）在 DNS 区域中创建别名

STEP 1 以管理员账户登录到 DNS 服务器 WIN2012-1 上，打开"DNS 管理器"控制台，在控制台树中依次展开服务器和"正向查找区域"节点，然后用鼠标右键单击区域 long.com，在弹出的快捷菜单中选择"新建别名"，打开"新建资源记录"对话框。

STEP 2 在"别名"文本框中输入别名 ftp，在"目标主机的完全合格的域名（FQDN）"文本框中输入 FTP 服务器的完全合格域名，在此输入 WIN2012-1.long.com，如图 9-7 所示。

图 9-6 "身份验证和授权信息"对话框

图 9-7 新建别名记录

STEP 3 单击"确定"按钮，完成别名记录的创建。

（2）测试 FTP 站点

用户在客户端计算机 WIN2012-2 上，打开资源管理器或浏览器，输入 ftp://ftp.long.com 就可以访问刚才建立的 FTP 站点，如图 9-8 所示。

图 9-8 使用完全合格的域名（FQDN）访问 FTP 站点

任务 9-2　创建虚拟目录

使用虚拟目录可以在服务器硬盘上创建多个物理目录，或者引用其他计算机上的主目录，从而为不同上传或下载服务的用户提供不同的目录，并且可以为不同的目录分别设置不同的权限，如读取、写入等。使用 FTP 虚拟目录时，由于用户不知道文件的具体储存位置，所以文件存储更加安全。

在 FTP 站点上创建虚拟目录 xunimulu 的具体步骤如下。

（1）准备虚拟目录内容

以管理员账户登录到 DNS 服务器 WIN2012-1 上，创建文件夹 C:\xuni，作为 FTP 虚拟目录的主目录，在该文件夹下存入一个文件 test.txt 供用户在客户端计算机上下载。

（2）创建虚拟目录

STEP 1 在"Internet Information Services（IIS）管理器"控制台树中，依次展开 FTP 服务器和"FTP 站点"，用鼠标右键单击刚才创建的站点 ftp，在弹出的快捷菜单中选择"添加虚拟目录"，打开"添加虚拟目录"对话框。

STEP 2 在"别名"文本框中输入 xunimulu，在"物理路径"文本框中输入 C:\xuni，如图 9-9 所示。

（3）测试 FTP 站点的虚拟目录

用户在客户端计算机 WIN2012-2 上，打开文件资源管理器和浏览器，输入 ftp://ftp.long.com/xunimulu 或者

图 9-9　"添加虚拟目录"对话框

ftp://192.168.10.1/xunimulu 就可以访问刚才建立的 FTP 站点的虚拟目录。

提示　在各种服务器的配置中，要时刻注意账户的 NTFS 权限，避免由于 NTFS 权限设置不当而无法完成相关配置，同时注意防火墙的影响。

任务 9-3　安全设置 FTP 服务器

FTP 服务的配置和 Web 服务相比要简单得多，主要是站点的安全性设置，包括指定不同的授权用户，如允许不同权限的用户访问，允许来自不同 IP 地址的用户访问，或限制不同 IP 地址的不同用户的访问等。再就是和 Web 站点一样，FTP 服务器也要设置 FTP 站点的主目录和性能等。

1. 设置 IP 地址和端口

STEP 1 在"Internet Information Services（IIS）管理器"控制台树中，依次展开 FTP 服务器，选择 FTP 站点 ftp，然后单击操作列的"绑定"按钮，弹出"网站绑定"对话框，如图 9-10 所示。

STEP 2 选择 ftp 条目后，单击"编辑"按钮，完成 IP 地址和端口号的更改，比如改为 2121。

STEP 3 测试 FTP 站点。用户在客户端计算机 WIN2012-2 上，打开浏览器或资源管理器，输入 ftp://192.168.10.1：2121 就可以访问刚才建立的 FTP 站点。

STEP 4 为了继续完成后面的实训，测试完毕，请再将端口号改为默认，即 21。

图 9-10 "网站绑定"对话框

2. 其他配置

在"Internet Information Services（IIS）管理器"控制台树中，依次展开 FTP 服务器，选择 FTP 站点 ftp。可以分别进行"FTP SSL 设置""FTP 当前会话""FTP 防火墙支持""FTP 目录浏览""FTP 请求筛选""FTP 日志""FTP 身份验证""FTP 授权规则""FTP 消息""FTP 用户隔离"等内容的设置或浏览，如图 9-11 所示。

图 9-11 "ftp test 主页"窗口

在"操作"列，可以进行"浏览""编辑权限""绑定""基本设置""查看应用程序""查看虚拟目录""重新启动 FTP 站点""启动或停止 FTP 站点"和"高级设置"等操作。

任务 9-4　创建虚拟主机

1. 虚拟主机简介

一个 FTP 站点是由一个 IP 地址和一个端口号唯一标识，改变其中任意一项均标识不同的 FTP 站点。但是在 FTP 服务器上，通过"Internet Information Services（IIS）管理器"控制台只能创建一个 FTP 站点。在实际应用环境中，有时需要在一台服务器上创建两个不同的 FTP 站点，这就涉及虚拟主机的问题。

在一台服务器上创建的两个 FTP 站点，默认只能启动其中一个站点，用户可以通过更改 IP 地址或端口号两种方法来解决这个问题。

可以使用多个 IP 地址和多个端口来创建多个 FTP 站点。尽管使用多个 IP 地址来创建多个站点是常见并且推荐的操作，但在默认情况下，使用 FTP 时，客户端会调用端口 21，这样情况会变得非常复杂。因此，如果要使用多个端口来创建多个 FTP 站点，就需要将新端口号通知用户，以便其 FTP 客户能够找到并连接到该端口。

2. 使用相同 IP 地址、不同端口号创建 2 个 FTP 站点

在同一台服务器上使用相同的 IP 地址、不同的端口号（21、2121）同时创建 2 个 FTP 站点，具体步骤如下。

STEP 1 以域管理员账户登录 FTP 服务器 WIN2012-1，创建 C:\ftp2 文件夹作为第 2 个 FTP 站点的主目录，并在该文件夹内放入一些文件。

STEP 2 接着创建第 2 个 FTP 站点，站点的创建可参见"任务 9-1 创建和访问 FTP 站点"的相关内容，只是端口要设为 2121。

STEP 3 测试 FTP 站点。用户在客户端计算机 WIN2012-2 上，打开资源管理器或浏览器，输入 ftp://192.168.10.1：2121 就可以访问刚才建立的第 2 个 FTP 站点。

3. 使用 2 个不同的 IP 地址创建 2 个 FTP 站点

在同一台服务器上用相同的端口号、不同的 IP 地址（192.168.10.1、192.168.10.20）同时创建两个 FTP 站点，具体步骤如下。

（1）设置 FTP 服务器网卡的 2 个 IP 地址

前面已在 WIN2012-1 上设置了两个 IP 地址：192.168.10.1、192.168.10.20，此处不再赘述。

（2）更改第 2 个 FTP 站点的 IP 地址和端口号

STEP 1 在"Internet Information Services（IIS）管理器"控制台树中，依次展开 FTP 服务器，选择 FTP 站点 ftp2。然后单击"操作"列的"绑定"按钮，弹出"编辑网站绑定"对话框。

STEP 2 选择 ftp 类型后，单击"编辑"按钮，将 IP 地址改为 192.168.10.20，端口改为 21，如图 9-12 所示。

STEP 3 单击"确定"按钮完成更改。

图 9-12　"编辑网站绑定"对话框

（3）测试 FTP 的第 2 个站点

在客户端计算机 WIN2012-2 上打开浏览器，输入 ftp://192.168.10.20 就可以访问刚才建立的第 2 个 FTP 站点。

试一试：请读者参照任务 8-4 中的"2. 使用不同的主机头名架设多个 Web 网站"的内容，自行完成"使用不同的主机头名架设多个 FTP 站点"的实践。

任务 9-5　配置与使用客户端

任何一种服务器的搭建都是为了应用。FTP 服务也一样，搭建 FTP 服务器的目的就是方便用户上传和下载文件。当 FTP 服务器建立成功并提供 FTP 服务后，用户就可以访问了。一般主要使用两种方式访问 FTP 站点，一是利用标准的 Web 浏览器，二是利用专门的 FTP 客户端软件，以实现在 FTP 站点浏览、下载和上传文件。

1. FTP 站点的访问

根据 FTP 服务器所赋予的权限，用户可以浏览、上传或下载文件，但使用不同的访问方式，其操作方法也不相同。

（1）Web 浏览器或资源管理器的访问

Web 浏览器除了可以访问 Web 网站外，还可以用来登录 FTP 服务器。

匿名访问时的格式为：ftp://FTP 服务器地址。

非匿名访问 FTP 服务器的格式为：ftp://用户名:密码@FTP 服务器地址。

登录 FTP 站点以后，就可以像访问本地文件夹一样使用。如果要下载文件，可以先复制一个文件，然后粘贴到本地文件夹中即可；若要上传文件，可以先从本地文件夹中复制一个文件，然后在 FTP 站点文件夹中粘贴，即可自动上传到 FTP 服务器。如果具有"写入"权限，还可以重命名、新建、删除文件或文件夹。

（2）FTP 软件访问

大多数访问 FTP 站点的用户都会使用 FTP 软件，因为 FTP 软件不仅方便，而且和 Web 浏览器相比，它的功能更加强大。比较常用的 FTP 客户端软件有 CuteFTP、FlashFXP、LeapFTP 等。

2. 虚拟目录的访问

当利用 FTP 客户端软件连接至 FTP 站点时，所列出的文件夹中并不会显示虚拟目录。因此，想显示虚拟目录，就必须切换到虚拟目录。

如果使用 Web 浏览器方式访问 FTP 服务器，可在"地址"栏中输入地址时，直接在后面添加虚拟目录的名称。格式如下。

```
ftp://FTP 服务器地址/虚拟目录名称
```

这样就可以直接连接到 FTP 服务器的虚拟目录中。

如果使用 FlashFXP 等 FTP 软件连接 FTP 站点，可以在建立连接时，在"远程路径"文本框中输入虚拟目录的名称；如果已经连接到了 FTP 站点，要切换到 FTP 虚拟目录，可以在文件列表框中单击鼠标右键，在弹出的快捷菜单中选择"更改文件夹"选项，在"文件夹名称"文本框中输入要切换到的虚拟目录名称。

任务 9-6　实现 AD 环境下多用户隔离 FTP

1. 任务需求

未名公司已经搭建好域环境，业务组因业务需求，需要在服务器上存储相关业务数据，但是业务组希望各用户目录相互隔离（仅允许访问自己的目录而无法访问他人的目录），每一个业务员允许使用的 FTP 空间大小为 100MB。为此，公司决定通过 AD 中的 FTP 隔离来实现此应用。

通过建立基于域的隔离用户 FTP 站点和磁盘配额技术可以实现本任务。

2. 创建业务部 OU 及用户

STEP 1　在 DC1 中新建一个名为 sales 的 OU，在 sales 中新建用户，用户名分别为 salesuser1、salesuser2、sales_master，用户密码为 P@ssw0rd，如图 9-13 所示。

图 9-13　创建 OU 及用户

STEP 2　委派 sales_master 用户对 sales OU 有"读取所有用户信息"权限（sales_mastcr 为 FTP 的服务账号），如图 9-14 所示。

图 9-14　委派权限

3. FTP 服务器配置

STEP 1　仍使用 long\administrator 登录 FTP 服务器 WIN2012-1（该服务器集域控制器、

DNS 服务器和 FTP 服务器于一身，在真实环境中可能需要单独的 FTP 服务器）。

STEP 2 在"服务器管理器"中单击"添加角色和功能"，勾选"Web 服务器(IIS)"复选框并添加相应功能，在"角色服务"中勾选"FTP 服务器"复选框，如图 9-15 所示。（前面有详细安装过程，可参考）

图 9-15　勾选"FTP 服务器"

STEP 3 在 C 盘（或其他任意盘）建立主目录 FTP_sales，在 FTP_sales 中分别建立用户名对应的文件夹 salesuser1、salesuser2，如图 9-16 所示。为了测试方便，请事先在两个文件夹中新建一些文件或文件夹。

图 9-16　新建文件夹

STEP 4 单击"服务器管理器"的"工具"→"Internet Information Server(IIS)管理器"，用鼠标右键单击"网站"，在弹出的快捷菜单中单击"添加 FTP 站点"，在弹出的"站点信息"对话框中输入"FTP 站点名称"和选择"物理路径"，如图 9-17 所示。

STEP 5 在"绑定和 SSL 设置"对话框中选择"绑定"的"IP 地址"，在 SSL 中选择"无 SSL"，如图 9-18 所示。

STEP 6 在"身份验证和授权信息"对话框的"身份验证"中勾选"匿名"和"基本"复选框，在"允许访问"中选择"所有用户"，勾选"权限"中的"读取"和"写入"复选框，如图 9-19 所示。

图9-17 "添加FTP站点"对话框

图9-18 "绑定和SSL设置"对话框

图9-19 "身份验证和授权信息"对话框

STEP 7 在"Internet Information Services（IIS）管理器"的 ftp 中选择"FTP 用户隔离"，如图 9-20 所示。

图9-20 选择"FTP 用户隔离"

STEP 8 在"FTP 用户隔离"中选择"在 Active Directory 中配置的 FTP 主目录",单击"设置"按钮添加刚刚委派的用户,再单击"应用"按钮,如图 9-21 所示。

图 9-21 配置"FTP 用户隔离"

STEP 9 单击 DC1 的"服务器管理器"的"工具"→"ADSI 编辑器"→"操作"→"连接到",单击"确定"按钮,如图 9-22 所示。

图 9-22 "连接设置"对话框

STEP 10 展开左子树,用鼠标右键单击 sales OU 中的 salesuser1 用户,在弹出的快捷菜单中选择"属性",在弹出的对话框中找到 msIIS-FTPDir,该选项设置用户对应的目录,将其修改为 salesuser1;msIIS-FTPRoot 用于设置用户对应的路径,将其设为 C:\FTP_sales,如图 9-23 所示。

> **注意** msIIS-FTPRoot 对应于用户的 FTP 根目录,msIIS-FTPDir 对应于用户的 FTP 主目录,用户的 FTP 主目录必须是 FTP 根目录的子目录。

STEP 11 使用同样的方式配置 salesuser2 用户。

图 9-23 修改隔离用户属性

4. 配置磁盘配额

在 DC1 上打开"这台电脑"，在 C 盘单击鼠标右键，在弹出的快捷菜单中选择"属性"选项，在弹出的"属性"对话框中选择"配额"选项卡，选择"启用配额管理"和"拒绝将磁盘空间给予超过配额限制的用户"复选框，并将"将磁盘空间限制为"设置成 100MB 和"将警告等级设为"设置成 90MB，勾选"用户超出配额时记录事件"和"用户超过警告等级时记录事件"复选框，然后单击"应用"按钮，如图 9-24 所示。

5. 测试验证

STEP 1 在 WIN2012-2 的资源管理器中，使用 salesuser1 用户登录 FTP 服务器，如图 9-25 所示。

图 9-24 启用磁盘"配额"

图 9-25 在客户端访问 FTP 服务器

注意 必须使用 long\salesuser1 或 salesuser1@long.com 登录。为了不受防火墙的影响，建议暂时关闭所有防火墙。

STEP 2 在 WIN2012-2 上使用 salesuser1 用户访问 FTP，并成功上传文件，如图 9-26 所示。

图 9-26　登录成功并可上传文件

STEP 3 使用 salesuser2 用户访问 FTP 并成功上传文件，如图 9-27 所示。

图 9-27　登录成功并可上传文件

STEP 4 当 salesuser1 用户上传文件超过 100MB 时，会提示上传失败，如图 9-28 所示，将大于 100MB 的 Administrator 文件夹上传到 FTP 服务器时上传失败。

图 9-28　提示上传出错

STEP 5 在 DC1 上打开 "这台电脑"，在 C 盘单击鼠标右键，在弹出的快捷菜单中选择 "属性"，在弹出的 "属性" 对话框中选择 "配额" 选项卡，选择 "配额项" 可以查看用户使用的空间，如图 9-29 所示。

图 9-29　查看 "配额项"

9.4　习题

一、填空题

1. FTP 服务就是＿＿＿＿服务，FTP 的英文全称是＿＿＿＿。

2. FTP 服务通过使用一个共同的用户名＿＿＿＿，密码不限的管理策略，让任何用户都可以很方便地从这些服务器上下载软件。

3. FTP 服务有两种工作模式：＿＿＿＿和＿＿＿＿。

4. FTP 命令的格式为：＿＿＿＿。

5. 打开 FTP 服务器＿＿＿＿的命令是＿＿＿＿，浏览其下目录列表的命令是＿＿＿＿。如果匿名登录，在 User (ftp.long.com:(none)) 处输入匿名账户＿＿＿＿，在 Password 处输入＿＿＿＿或直接按回车键，即可登录 FTP 站点。

6. 比较著名的 FTP 客户端软件有＿＿＿＿、＿＿＿＿、＿＿＿＿等。

7. FTP 身份验证方法有两种：＿＿＿＿和＿＿＿＿。

二、选择题

1. 虚拟主机技术不能通过（　　　）架设网站。

A. 计算机名　　　　B. TCP 端口　　　　C. IP 地址　　　　D. 主机头名

2. 虚拟目录不具备的特点是（　　　）。

A. 便于扩展　　　　B. 增删灵活　　　　C. 易于配置　　　　D. 动态分配空间

3. FTP 服务使用的端口是（　　　）。

A. 21　　　　　　　B. 23　　　　　　　C. 25　　　　　　　D. 53

4. 从 Internet 上获得软件最常采用（　　　）。

A. www　　　　　　B. Telnet　　　　　C. FTP　　　　　　D. DNS

三、判断题

1. 若 Web 网站中的信息非常敏感，为防中途被人截获，就可采用 SSL 加密方式。（　　　）

2. IIS 提供了基本服务，包括发布信息、传输文件、支持用户通信和更新这些服务所依赖的数据存储。（　　　）

3. 虚拟目录是一个文件夹，一定位于主目录内。（　　　）

4. FTP 的全称是 File Transfer Protocol（文件传输协议），是用于传输文件的协议。（　　　）

5. 当使用 "用户隔离" 模式时，所有用户的主目录都在单一 FTP 主目录下，每个用户均被限制在自己的主目录中，且用户名必须与相应的主目录相匹配，不允许用户浏览除自己主目录之外的其他内容。　　　　　　　　　　　　　　　　　　　　　　　　　　　　　（　　）

四、简答题

1. 非域的用户隔离和域用户隔离的主要区别是什么？
2. 能否使用不存在的域用户进行多用户配置？
3. 磁盘配额的作用是什么？

9.5　项目实训　配置与管理 FTP 服务器

一、实训目的

- 掌握 Web 服务器的安装方法。
- 掌握 FTP 服务器的配置方法。
- 掌握 AD 隔离用户 FTP 服务器的配置方法。

9-1　配置与管理
Web 和 FTP 服务器

二、项目背景

本项目根据图 9-2 所示的环境来部署 FTP 服务器。

三、项目要求

根据网络拓扑图（见图 9-2），完成如下任务。

（1）安装 FTP 发布服务角色服务。

（2）创建和访问 FTP 站点。

（3）创建虚拟目录。

（4）安全设置 FTP 服务器。

（5）创建虚拟主机。

（6）配置与使用客户端。

（7）设置 AD 隔离用户 FTP 服务器，测试用户为 Jane 和 mike。参见任务 9-6。

四、做一做

根据实训项目录像进行项目的实训，检查学习效果。

项目 10

配置与管理VPN服务器

10

作为网络管理员，必须熟悉网络安全保护的各种策略环节以及可以采取的安全措施。这样才能合理地进行安全管理，使网络和计算机处于安全保护的状态。

虚拟专用网（Virtual Private Network，VPN）可以让远程用户通过 Internet 来安全地访问公司内部网络的资源。

本项目学习要点

- 理解 VPN 的基本概念和基本原理。
- 理解远程访问 VPN 的构成和连接过程。

- 掌握配置并测试远程访问 VPN 的方法。
- 掌握 VPN 服务器的网络策略的配置。

10.1 项目基础知识

远程访问（Remote Access）也称为远程接入，通过这种技术，可以将远程或移动用户连接到组织内部网络上，使远程用户可以像他们的计算机物理地连接到内部网络上一样工作。实现远程访问最常用的连接方式就是 VPN 技术。目前，互联网中的多个企业网络常常选择 VPN 技术（加密技术、验证技术、数据确认技术共同应用）连接起来，这样就可以轻易地在 Internet 上建立一个专用网络，让远程用户通过 Internet 来安全地访问网络内部的网络资源。

VPN 是指在公共网络（通常为 Internet 中）建立一个虚拟的、专用的网络，是 Internet 与 Intranet 之间的专用通道，为企业提供一个高安全、高性能、简便易用的环境。当远程的 VPN 客户端通过 Internet 连接到 VPN 服务器时，它们之间传送的信息会被加密，即使信息在 Internet 传送的过程中被拦截，也会因为信息已被加密而无法识别，因此可以确保信息的安全性。

10.1.1 VPN 的构成

（1）远程访问 VPN 服务器

用于接收并响应 VPN 客户端的连接请求，并建立 VPN 连接。它可以是专用的 VPN 服务器设备，也可以是运行 VPN 服务的主机。

（2）VPN 客户端

用于发起连接 VPN 连接请求，通常为 VPN 连接组件的主机。

（3）隧道协议

VPN 的实现依赖于隧道协议，通过隧道协议，可以将一种协议用另一种协议或相同协议封装，还可以提供加密、认证等安全服务。VPN 服务器和客户端必须支持相同的隧道协议，以便建立 VPN 连接。目前最常用的隧道协议有 PPTP 和 L2TP。

① 点对点隧道协议（Point to Point Tunneling Protocol，PPTP）。PPTP 是点对点协议（PPP）的扩展，并协调使用 PPP 的身份验证、压缩和加密机制。PPTP 客户端支持内置于 Windows XP 远程访问客户端。只有 IP 网络（如 Internet）才可以建立 PPTP 的 VPN。两个局域网之间若通过 PPTP 来连接，则两端直接连接到 Internet 的 VPN 服务器必须执行 TCP/IP，但网络内的其他计算机不一定需要支持 TCP/IP，它们可执行 TCP/IP、IPX 或 NetBEUI 通信协议，因为当它们通过 VPN 服务器与远程计算机通信时，这些不同通信协议的数据包会被封装到 PPP 的数据包内，然后经过 Internet 传送，信息到达目的地后，再由远程的 VPN 服务器将其还原为 TCP/IP、IPX 或 NetBEUI 的数据包。PPTP 是利用微软点对点加密技术（Microsoft Point to Point Encryption，MPPE）来将信息加密。PPTP 的 VPN 服务器支持内置于 Windows Server 2012 家族的成员。PPTP 与 TCP/IP 一同安装，根据运行"路由和远程访问服务器安装向导"时所做的选择，PPTP 可以配置为 5 个或 128 个 PPTP 端口。

② 第二层隧道协议（Layer Two Tunneling Protocol，L2TP）。L2TP 是基于 RFC 的隧道协议，该协议是一种业内标准。L2TP 同时具有身份验证、加密与数据压缩的功能。L2TP 的验证与加密方法都是采用 IPSec。与 PPTP 类似，L2TP 也可以将 IP、IPX 或 NetBEUI 的数据包封装到 PPP 的数据包内。与 PPTP 不同的是，运行在 Windows Server 2012 R2 服务器上的 L2TP 不利用 MPPE 来加 PPP 数据报。L2TP 依赖于加密服务的 Internet 协议安全性（IPSec）。L2TP 和 IPSec 的组合被称为 L2TP/IPSec。L2TP/IPSec 提供专用数据的封装和加密的主要 VPN 服务。VPN 客户端和 VPN 服务器必须支持 L2TP 和 IPSec。L2TP 的客户端支持内置于 Windows XP 远程访问客户端，而 L2TP 的 VPN 服务器支持内置于 Windows Server 2012 家族的成员。L2TP 与 TCP/IP 一同安装，根据运行"路由和远程访问服务器安装向导"时所做的选择，L2TP 可以配置为 5 个或 128 个 L2TP 端口。

（4）Internet 连接

VPN 服务器和客户端必须都接入 Internet，并且能够通过 Internet 进行正常的通信。

10.1.2 VPN 应用场合

VPN 的实现可以分为软件和硬件两种方式。Windows 服务器版的操作系统以完全基于软件的方式实现了 VPN，成本非常低廉。无论身处何地，只要能连接到 Internet，就可以与企业网在 Internet 上的 VPN 相关联，登录到内部网络浏览或交换信息。

一般来说，VPN 在以下两种场合使用。

（1）远程客户端通过 VPN 连接到局域网

总公司（局域网）的网络已经连接到 Internet，而用户在远程拨号连接 ISP 连上 Internet 后，就可以通过 Internet 来与总公司（局域网）的 VPN 服务器建立 PPTP 或 L2TP 的 VPN，并通过

VPN 来安全地传送信息。

（2）两个局域网通过 VPN 互连

两个局域网的 VPN 服务器都连接到 Internet，并且通过 Internet 建立 PPTP 或 L2TP 的 VPN，它可以让两个网络之间安全地传送信息，不用担心在 Internet 上传送时泄密。

除了使用软件方式实现外，VPN 的实现需要建立在交换机、路由器等硬件设备上。目前，在 VPN 技术和产品方面，最具有代表性的当数 Cisco 和华为 3Com。

10.1.3　VPN 的连接过程

（1）客户端向服务器连接 Internet 的接口发送建立 VPN 连接的请求。

（2）服务器接收到客户端建立连接的请求之后，对客户端的身份进行验证。

（3）如果身份验证未通过，则拒绝客户端的连接请求。

（4）如果身份验证通过，则允许客户端建立 VPN 连接，并为客户端分配一个内部网络的 IP 地址。

（5）客户端将获得的 IP 地址与 VPN 连接组件绑定，并使用该地址与内部网络通信。

10.1.4　认识网络策略

1．什么是网络策略

部署网络访问保护(NAP)时，将向网络策略配置中添加健康策略，以便在授权的过程中使用 NPS（网络策略服务器）执行客户端健康检查。

当处理作为 RADIUS 服务器的连接请求时，网络策略服务器对此连接请求既执行身份验证，也执行授权。在身份验证过程中，NPS 验证连接到网络的用户或计算机的身份。在授权过程中，NPS 确定是否允许用户或计算机访问网络。

若要进行此决定，则 NPS 使用在 NPS Microsoft 管理控制台（MMC）管理单元中配置的网络策略。NPS 还检查 Active Directory 域服务（AD DS）中账户的拨入属性以执行授权。

可以将网络策略视为规则。每个规则都具有一组条件和设置。NPS 将规则的条件与连接请求的属性进行对比。如果规则和连接请求之间出现匹配，则规则中定义的设置会应用于连接。

当在 NPS 中配置了多个网络策略时，它们是一组有序规则。NPS 根据列表中的第一个规则检查每个连接请求，然后根据第二个规则进行检查，以此类推，直到找到匹配项为止。

每个网络策略都有"策略状态"设置，使用该设置可以启用或禁用策略。如果禁用网络策略，则授权连接请求时，NPS 不评估策略。

2．网络策略属性

每个网络策略中都有以下 4 种类别的属性。

（1）概述

使用这些属性可以指定是否启用策略，是允许还是拒绝访问策略，以及连接请求是需要特定网络连接方法，还是需要网络访问服务器类型。使用概述属性还可以指定是否忽略 AD DS 中的用户账户的拨入属性。

（2）条件

使用这些属性，可以指定为了匹配网络策略，连接请求必须具有的条件；如果策略中配置的条件与连接请求匹配，则 NPS 将把网络策略中指定的设置应用于连接。例如，如果将网络访问服务器 IPv4 地址（NAS IPv4 地址）指定为网络策略的条件，并且 NPS 从具有指定 IP 地址的 NAS 接收连接请求，则策略中的条件与连接请求相匹配。

（3）约束

约束是匹配连接请求所需的网络策略的附加参数。如果连接请求与约束不匹配，则 NPS 自动拒绝该请求。与 NPS 对网络策略中不匹配条件的响应不同，如果约束不匹配，则 NPS 不评估附加网络策略，只拒绝连接请求。

（4）设置

使用这些属性，可以指定在策略的所有网络策略条件都匹配时，NPS 应用于连接请求的设置。

10.2 项目设计与准备

1. 任务设计

下面将根据图 10-1 所示的环境部署远程访问 VPN 服务器。

图 10-1　架设 VPN 服务器网络拓扑图

WIN2012-1、WIN2012-2、WIN2012-3 可以是 Hyper-V 服务器的虚拟机，也可以是 VMWare 的虚拟机。

2. 任务准备

部署远程访问 VPN 服务之前，应做如下准备。

（1）使用提供远程访问 VPN 服务的 Windows Server 2012 R2 操作系统。

（2）VPN 服务器至少要有两个网络连接。IP 地址如图 10-1 所示。

（3）VPN 服务器必须与内部网络相连，因此需要配置与内部网络连接所需的 TCP/IP 参数（私有 IP 地址），该参数可以手工指定，也可以通过内部网络中的 DHCP 服务器自动分配。本例 IP 地址为 192.168.10.1/24。

（4）VPN 服务器必须同时与 Internet 相连，因此需要建立和配置与 Internet 的连接。VPN 服务器与 Internet 的连接通常采用较快的连接方式，如专线连接。本例 IP 地址为 200.1.1.1/24。

（5）合理规划分配给 VPN 客户端的 IP 地址。VPN 客户端在请求建立 VPN 连接时，VPN 服务器需要为其分配内部网络的 IP 地址。配置的 IP 地址也必须是内部网络中不使用的 IP 地址，地址的数量根据同时建立 VPN 连接的客户端数量来确定。在本任务中部署远程访问 VPN 时，使用静态 IP 地址池为远程访问客户端分配 IP 地址，地址范围采用 192.168.10.11/24 ~ 192.168.10.20/24。

（6）客户端在请求 VPN 连接时，服务器要对其进行身份验证，因此应合理规划需要建立 VPN 连接的用户账户。

10.3 项目实施

任务 10-1 架设 VPN 服务器

在架设 VPN 服务器之前，读者需要了解本节实例部署的需求和实验环境。本书使用 VMware Workstation 构建虚拟环境。

1. 为 VPN 服务器添加第二块网卡

① 在 VMware Workstation 中，用鼠标右键单击目标虚拟机（本例为 WIN2012-1），单击"设置"，打开"WIN2012-1 的设置"对话框。

② 单击"添加"→"网络适配器"，单击"下一步"按钮，选择网络连接方式为"自定义: VMnet8"，如图 10-2 所示，最后单击"完成"按钮，完成第二块网卡的添加。

图 10-2 添加第二块网卡

③ 启动 WIN2012-1，用鼠标右键单击"开始"菜单，在弹出的快捷菜单中选择"网络连接"，更改两块网卡的网络连接的名称，分别为"局域网连接"和"Internet 连接"，并按图 10-1 分别设置两个连接的网络参数，如图 10-3 所示。（或者用鼠标右键单击右下方的网络连接，依次选择"打

开网络和 Internet 共享"→"更改适配器设置")

图 10-3　网络连接

> **注意** 设置 WIN2012-2 的网络连接方式为 VMnet1（与 WIN2012-1 的局域网连接一致），
> 设置 WIN2012-3 的网络连接方式为 VMnet8（与 WIN2012-1 的 Internet 连接一
> 致），如果设置不当，本次实训将会失败。

④ 同理，启动 WIN2012-2 和 WIN2012-3，并按图 10-1 设置这两台服务器的 IP 地址等信息。设置完成后，利用 ping 命令测试这 3 台虚拟机的连通情况，为后面实训做准备。

2. 安装"路由和远程访问服务"角色

要配置 VPN 服务器，必须安装"路由和远程访问"服务。Windows Server 2012 R2 中的路由和远程访问是包括在"网络策略和访问服务"角色中的，并且默认没有安装。用户可以根据自己的需要选择同时安装网络策略和访问服务中的所有服务组件或者只安装路由和远程访问服务。

路由和远程访问服务的安装步骤如下。

① 以管理员身份登录服务器 WIN2012-1，打开"服务器管理器"窗口的"仪表板"，单击"添加角色"链接，打开图 10-4 所示的"服务器角色"窗口，选择"网络策略和访问服务"和"远程访问"角色。

图 10-4　"服务器角色"窗口

② 持续单击"下一步"按钮，显示"网络策略和访问服务"的"角色服务"列表框，网络策略和访问服务中包括"网络策略服务器、健康注册机构和主机凭据授权协议"角色服务，选择"网络

策略服务器"复选框。

③ 单击"下一步"按钮，显示"远程访问"的"角色服务"列表框。全部选择，如图 10-5 所示。

图 10-5　选择所有"角色服务"

④ 单击"安装"按钮即可开始安装，完成后显示"安装结果"对话框。

3. 配置并启用 VPN 服务

在已经安装"路由和远程访问"角色服务的计算机 WIN2012-1 上通过"路由和远程访问"控制台配置并启用路由和远程访问，具体步骤如下。

（1）打开"路由和远程访问服务器安装向导"窗口

① 以域管理员账户登录到需要配置 VPN 服务的计算机 WIN2012-1 上，单击"开始"→"管理工具"→"路由和远程访问"，打开如图 10-6 所示的"路由和远程访问"控制台。

② 在该控制台树上用鼠标右键单击服务器"WIN2012-1（本地）"，在弹出的快捷菜单中选择"配置并启用路由和远程访问"，打开"路由和远程访问服务器安装向导"对话框。

图 10-6　"路由和远程访问"控制台

（2）选择 VPN 连接

① 单击"下一步"按钮，出现"配置"对话框，在该对话框中可以配置 NAT、VPN 以及路由服务，在此选择"远程访问（拨号或 VPN）"复选框，如图 10-7 所示。

② 单击"下一步"按钮，出现"远程访问"对话框，在该对话框中可以选择创建拨号或 VPN 远程访问连接，在此选择 VPN 复选框，如图 10-8 所示。

（3）选择连接到 Internet 的网络接口

单击"下一步"按钮，出现"VPN 连接"对话框，在该对话框中选择连接到 Internet 的网络接口，在此选择"Internet 连接"接口，如图 10-9 所示。

（4）设置 IP 地址分配

① 单击"下一步"按钮，出现"IP 地址分配"对话框，在该对话框中可以设置分配给 VPN 客户端计算机的 IP 地址是从 DHCP 服务器获取或是指定一个范围，在此选择"来自一个指定的地址

范围"选项，如图 10-10 所示。

图 10-7　选择"远程访问（拨号或 VPN）对话框

图 10-8　选择 VPN

图 10-9　选择连接到 Internet 的网络接口

图 10-10　IP 地址分配

②　单击"下一步"按钮，出现"地址范围分配"对话框，在该对话框中指定 VPN 客户端计算机的 IP 地址范围。

③　单击"新建"按钮，出现"新建 IPv4 地址范围"对话框，在"起始 IP 地址"文本框中输入 192.168.10.11，在"结束 IP 地址"文本框中输入 192.168.10.20，如图 10-11 所示，然后单击"确定"按钮。

④　返回"地址范围分配"对话框，可以看到已经指定了一段 IP 地址范围。

（5）结束 VPN 配置

①　单击"下一步"按钮，出现"管理多个远程访问服务器"对话框。在该对话框中可以指定身份验证的方法是路由和远程访问服务器，还是 RADIUS 服务器，在此选择"否，使用路由和远程访问来对连接请求进行身份验证"单选按钮，如图 10-12 所示。

②　单击"下一步"按钮，出现"摘要"对话框. 在该对话框中显示了之前步骤设置的信息。

③　单击"完成"按钮，出现如图 10-13 所示的对话框，表示需要配置 DHCP 中继代理程序，

单击"确定"按钮即可。

图 10-11　输入 VPN 客户端 IP 地址范围

图 10-12　管理多个远程访问服务器

（6）查看 VPN 服务器状态

① 完成 VPN 服务器的创建，返回图 10-14 所示的"路由和远程访问"控制台。由于目前已经启用了 VPN 服务，所以显示绿色向上的箭头。

图 10-13　DHCP 中继代理信息

图 10-14　VPN 配置完成后的效果

② 在"路由和远程访问"控制台树中，展开服务器，单击"端口"，在控制台右侧界面中显示所有端口的状态为"不活动"，如图 10-15 所示。

③ 在"路由和远程访问"控制台树中，展开服务器，单击"网络接口"，在控制台右侧界面中显示 VPN 服务器上的所有网络接口，如图 10-16 所示。

图 10-15　查看端口状态

图 10-16　查看网络接口

4. 停止和启动 VPN 服务

要启动或停止 VPN 服务，可以使用 net 命令、"路由和远程访问"控制台和"服务"控制台，具体步骤如下。

（1）使用 net 命令

以域管理员账户登录到 VPN 服务器 WIN2012-1 上，在命令行提示符界面中，输入命令"net stop remoteaccsee"停止 VPN 服务，输入命令"net start remoteaccess"启动 VPN 服务，

（2）使用"路由和远程访问"控制台

在"路由和远程访问"控制台树中，用鼠标右键单击服务器，在弹出菜单中选择"所有任务"→"停止"或"启动"，即可停止或启动 VPN 服务。

VPN 服务停止以后，"路由和远程访问"控制台界面显示红色向下箭头，如图 10-16 所示。

（3）使用"服务"控制台

单击"开始"→"管理工具"→"服务"，打开"服务"控制台。找到服务"Routing and Remote Access"，单击"启动"或"停止"，即可启动或停止 VPN 服务，如图 10-17 所示。

图 10-17　使用"服务"控制台启动或停止 VPN 服务

5. 配置域用户账户允许 VPN 连接

在域控制器 WIN2012-1 上设置允许用户 Administrator@long.com 使用 VPN 连接到 VPN 服务器的具体步骤如下。

① 以域管理员账户登录到域控制器上 WIN2012-1，打开"Active Directoy 用户和计算机"控制台。依次展开 long.com 和 Users 节点，用鼠标右键单击用户 Administrator，在弹出快捷菜单中选择"属性"，打开"Administrator 属性"对话框。

② 在"Administrator 属性"对话框中选择"拨入"选项卡。在"网络访问权限"选项区中选择"允许访问"单选按钮，如图 10-18 所示，最后单击"确定"按钮即可。

6. 在 VPN 端建立并测试 VPN 连接

在 VPN 端计算机 WIN2012-3 上建立 VPN 连接并连接到 VPN 服务器上，具体步骤如下。

（1）在客户端计算机上新建 VPN 连接

① 以本地管理员账户登录到 VPN 客户端计算机 WIN2012-3 上，单击"开始"→"控制面板"→"网络和 Internet"→"网络和共享中心"，打开图 10-19 所示的"网络和共享中心"窗口。

② 单击"设置新的连接或网络"按钮，打开"设置连接或网络"窗口，通过该窗口可以建立连接以连接到 Internet 或专用网络，在此选择"连接到工作区"选项，如图 10-20 所示。

③ 单击"下一步"按钮，出现"连接到工作区-你想如何连接"窗口，在该窗口中指定是使用

Internet 还是拨号方式连接到 VPN 服务器，在此单击"使用我的 Internet 连接(VPN)"选项，如图 10-21 所示。

图 10-18 "administrator 属性-拨入"对话框

图 10-19 "网络和共享中心"窗口

图 10-20 选择"连接到工作区"

图 10-21 选择"使用我的 Internet 连接（VPN）"

④ 出现"连接到工作区-您想在继续之前设置 Internet 连接吗？"窗口，在该窗口中设置 Internet 连接，由于本实例 VPN 服务器和 VPN 客户机是物理直接连接在一起的，所以单击"我将稍后设置 Internet 连接"，如图 10-22 所示。

⑤ 出现如图 10-23 所示的"连接到工作区-键入要连接的 Internet 地址"窗口，在"Internet 地址"文本框中输入 VPN 服务器的外网网卡 IP 地址为 200.1.1.1，并设置目标名称为"VPN 连接"。

⑥ 单击"下一步"按钮，出现"连接到工作区-键入您的用户名和密码"窗口，在此输入希望连接的用户名、密码以及域，如图 10-24 所示。

⑦ 单击"创建"按钮创建 VPN 连接，出现"连接到工作区-连接已经使用"窗口。创建 VPN

连接完成。

图 10-22　设置 Internet 连接

图 10-23　键入要连接的 Internet 地址

（2）未连接到 VPN 服务器时的测试

① 以管理员身份登录服务器 WIN2012-3，打开 Windows powershell 或者用鼠标右键单击"开始"菜单，再单击"运行"，在"运行"对话框中的"打开"栏下输入 cmd，然后按"确定"按钮。

② 在 WIN2012-3 上使用 ping 命令分别测试与 WIN2012-1 和 WIN2012-2 的连通性，如图 10-25 所示。

图 10-24　键入用户名和密码

图 10-25　未连接 VPN 服务器时的测试结果

（3）连接到 VPN 服务器

① 用鼠标右键单击"开始"菜单，选择弹出的快捷菜单中的"网络连接"，双击"VPN 连接"，单击"连接"按钮，打开图 10-26 所示的对话框。在该对话框中输入允许 VPN 连接的账户和密码，在此使用账户 administrator@long.com 建立连接。

② 单击"确定"按钮，经过身份验证后即可连接到 VPN 服务器，在如图 10-27 所示的"网络连接"界面中可以看到"VPN 连接"的状态是连接的。

图 10-26　连接 VPN

图 10-27　已经连接到 VPN 服务器的效果

7. 验证 VPN 连接

当 VPN 客户端计算机 WIN2012-3 连接到 VPN 服务器 WIN2012-1 上之后，可以访问公司内部局域网络中的共享资源，具体步骤如下。

（1）查看 VPN 客户机获取到的 IP 地址

① 在 VPN 客户端计算机 WIN2012-3 上，打开命令提示符界面，使用命令 ipconfig /all 查看 IP 地址信息，如图 10-28 所示，可以看到 VPN 连接获得的 IP 地址为 192.168.10.13。

② 先后输入命令 ping 192.168.10.1 和 ping 192.168.10.2 测试 VPN 客户端计算机和 VPN 服务器以及内网计算机的连通性，如图 10-29 所示，显示能连通。

图 10-28　查看 VPN 客户机获取到的 IP 地址

图 10-29　测试 VPN 连接

（2）在 VPN 服务器上的验证

① 以域管理员账户登录到 VPN 服务器上，在"路由和远程访问"控制台树中，展开服务器节点，单击"远程访问客户端（1）"，在控制台右侧界面中显示连接时间以及连接的账户，这表明已经有一个客户端建立了 VPN 连接，如图 10-30 所示。

② 单击"端口"，在控制台右侧界面中可以看到其中一个端口的状态是"活动"，表明有客户端连接到 VPN 服务器。

③ 用鼠标右键单击该活动端口，在弹出的快捷菜单中选择"属性"，打开"端口状态"对话框，在

图 10-30　查看远程访问客户端

该对话框中显示连接时间、用户以及分配给 VPN 客户端计算机的 IP 地址。

（3）访问内部局域网的共享文件

① 以管理员账户登录到内部网服务器 WIN2012-2 上，在"计算机"管理器中创建文件夹

"C:\share"作为测试目录，在该文件夹内存入一些文件，并将该文件夹共享。

② 以本地管理员账户登录到 VPN 客户端计算机 WIN2012-3 上，单击"开始"→"运行"，输入内部网服务器 WIN2012-2 上共享文件夹的 UNC 路径为"\\192.168.10.2。由于已经连接到 VPN 服务器上，所以可以访问内部局域网络中的共享资源。

（4）断开 VPN 连接

以域管理员账户登录到 VPN 服务器上，在"路由和远程访问"控制台树中依次展开服务器和"远程访问客户端(1)"节点，在控制台右侧界面中用鼠标右键单击连接的远程客户端，在弹出的快捷菜单中选择"断开"，即可断开客户端计算机的 VPN 连接。

任务 10-2　配置 VPN 服务器的网络策略

任务要求如下：如图 10-1 所示，在 VPN 服务器 WIN2012-1 上创建网络策略"VPN 网络策略"，使得用户在进行 VPN 连接时使用该网络策略。具体步骤如下。

1. 新建网络策略

① 以域管理员账户登录到 VPN 服务器 WIN2012-1 上，单击"开始"→"管理工具"→"网络策略服务器"，打开图 10-31 所示的"网络策略服务器"控制台。

图 10-31　"网络策略服务器"控制台

② 用鼠标右键单击"网络策略"，在弹出的快捷菜单中选择"新建"，打开"新建网络策略"对话框，在"策略名称"文本框中输入网络策略的名称为"VPN 策略"，指定"网络访问服务器的类型"为"远程访问服务器（VPN 拨号）"，如图 10-32 所示。

2. 指定网络策略条件—日期和时间限制

① 单击"下一步"按钮，出现"指定条件"对话框，设置网络策略的条件，如日期和时间、用户组等。

② 单击"添加"按钮，出现"选择条件"对话框。选择要配置的条件属性，选择"日期和时间限制"选项，如图 10-33 所示，该选项表示每周允许和不允许用户连接的时间和日期。

图 10-32　设置网络策略名称和连接类型

图 10-33　选择条件

③ 单击"添加"按钮，出现"日期和时间限制"对话框，设置允许建立 VPN 连接的时间和日期，如设置允许所有时间可以访问，如图 10-34 所示，然后单击"确定"按钮。

④ 返回如图 10-35 所示的"指定条件"对话框，从中可以看到已经添加了一条网络条件。

图 10-34　设置日期和时间限制

图 10-35　设置日期和时间限制后的效果

3. 授予远程访问权限

单击"下一步"按钮，出现"指定访问权限"对话框，指定连接访问权限是允许还是拒绝，在此选择"已授予访问权限"单选按钮，如图 10-36 所示。

4. 配置身份验证方法

单击"下一步"按钮，出现图 10-37 所示的"配置身份验证方法"对话框，指定身份验证的方法和 EAP 类型。

图 10-36　已授予访问权限

图 10-37　配置身份验证方法

5. 配置约束

单击"下一步"按钮，出现图 10-38 所示的"配置约束"对话框，配置网络策略的约束，如空闲超时、会话超时、被叫站 ID、日期和时间限制、NAS 端口类型。

6. 配置设置

单击"下一步"按钮，出现图 10-39 所示的"配置设置"对话框，配置此网络策略的设置，如 RADIUS 属性、多链路和带宽分配协议（BAP）、IP 筛选器、加密、IP 设置。

图 10-38　配置约束

图 10-39　配置设置

7. 正在完成新建网络策略

单击"下一步"按钮，出现"正在完成新建网络策略"对话框，最后单击"完成"按钮，完成网络策略的创建。

8. 设置用户远程访问权限

以域管理员账户登录到域控制器上 WIN2012-1 上，打开"Active Directory 用户和计算机"控制台，依次展开 long.com 和 Users 节点，用鼠标右键单击用户 Administrator，在弹出的快捷菜单中选择"属性"，打开"Administrator 属性"对话框。选择"拨入"选项卡，在"网络访问权限"选项区中选择"通过 NPS 网络策略控制访问"单选按钮，如图 10-40 所示，设置完毕单击"确定"按钮即可。

图 10-40 设置通过远程访问策略控制访问

9. 客户端测试能否连接到 VPN 服务器

以本地管理员账户登录到 VPN 客户端计算机 WIN2012-3 上，打开 VPN 连接，以用户 administrator@long.com 账户连接到 VPN 服务器，此时是按网络策略进行身份验证的，如果验证成功，则连接到 VPN 服务器。如果不成功，则出现图 10-41 所示的"错误连接"界面，用鼠标右键单击 VPN 连接，单击"属性"→"安全"选项，打开"VPN 连接属性"对话框的"安全"选项卡，选择"允许使用这些协议"单选按钮，如图 10-42 所示。完成后，重新启动计算机即可。

图 10-41 连接出错

图 10-42 设置 VPN 连接属性

10.4 习题

一、填空题

1. VPN 是_____的简称，中文是_____。

2. 一般来说，VPN 使用在以下两种场合：_____、_____。

3. VPN 使用的两种隧道协议是_____和_____。

4. 在 Windows Server 的命令提示符下，可以使用_____命令查看本机的路由表信息。

5. 每个网络策略中都有以下 4 种类别的属性：_____、_____、_____、_____。

二、简答题

1. 什么是专用地址和公用地址？

2. 简述 VPN 的连接过程。

3. 简述 VPN 的构成及应用场合。

10.5 项目实训　配置与管理 VPN 服务器

一、实训目的

* 掌握使局域网内部的计算机连接到 Internet 的方法。
* 掌握使用 NAT 实现网络互连的方法。
* 掌握远程访问服务的实现方法。
* 掌握 VPN 的实现。

10-1　配置与管理 VPN 和 NAT 服务器

二、项目环境

本项目根据图 10-1 所示的环境来部署 VPN 服务器。

三、项目要求

根据网络拓扑图 10-1，完成如下任务。

① 部署架设 VPN 服务器所需要的网络环境。

② 为 VPN 服务器添加第二块网卡。

③ 安装"路由和远程访问服务"角色。

④ 配置并启用 VPN 服务。

⑤ 停止和启动 VPN 服务。

⑥ 配置域用户账户允许 VPN 连接。

⑦ 在 VPN 端建立并测试 VPN 连接。

⑧ 验证 VPN 连接。

⑨ 通过网络策略控制访问 VPN。

项目 11
配置与管理NAT服务器

11

Windows Server 2012 R2 的网络地址转换器让位于内部网络的多台计算机只需要共享一个公共 IP 地址，就可以同时连接 Internet、浏览网页与收发电子邮件。

本项目学习要点

- NAT 的基本概念和基本原理。
- NAT 的工作过程。
- 配置并测试 NAT 服务器。

- 外部网络主机访问内部 Web 服务器。
- DHCP 分配器与 DHCP 中继代理。

11.1 项目基础知识

11.1.1 NAT 概述

网络地址转换器（Network Address Translator，NAT）位于使用专用地址的 Intranet 和使用公用地址的 Internet 之间。从 Intranet 传出的数据包由 NAT 将它们的专用地址转换为公用地址。从 Internet 传入的数据包由 NAT 将它们的公用地址转换为专用地址。这样在内网中，计算机使用未注册的专用 IP 地址，而在与外部网络通信时使用注册的公用 IP 地址，大大降低了连接成本。同时 NAT 也起到将内部网络隐藏起来，保护内部网络的作用，因为对于外部用户来说，只有使用公用 IP 地址的 NAT 是可见的。

11.1.2 认识 NAT 的工作过程

NAT 的工作过程主要有以下 4 步。

① 客户机将数据包发给运行 NAT 的计算机。

② NAT 将数据包中的端口号和专用的 IP 地址换成它自己的端口号和公用的 IP 地址，然后将数据包发给外部网络的目的主机，同时记录一个跟踪信息在映像表中，以便向客户机发送回答信息。

③ 外部网络发送回答信息给 NAT。

④ NAT 将收到的数据包的端口号和公用 IP 地址转换为客户机的端口号和内部网络使用的专用 IP 地址并转发给客户机。

以上步骤对于网络内部的主机和网络外部的主机都是透明的，对它们来讲就像直接通信一样，如图 11-1 所示。担当 NAT 的计算机有两块网卡、两个 IP 地址，IP1 为 192.168.0.1，IP2 为 202.162.4.1。

图 11-1 NAT 的工作过程

下面举例来说明。

① 192.168.0.2 用户使用 Web 浏览器连接到位于 202.202.163.1 的 Web 服务器，则用户计算机将创建带有下列信息的 IP 数据包。

- 目标 IP 地址：202.202.163.1。
- 源 IP 地址：192.168.0.2。
- 目标端口：TCP 端口 80。
- 源端口：TCP 端口 1350。

② IP 数据包转发到运行 NAT 的计算机上，它将传出的数据包地址转换成下面的形式，用自己的 IP 地址新打包后转发。

- 目标 IP 地址：202.202.163.1。
- 源 IP 地址：202.162.4.1。
- 目标端口：TCP 端口 80。
- 源端口：TCP 端口 2500。

③ NAT 协议在表中保留了{192.168.0.2,TCP 1350}到 {202.162.4.1,TCP 2500}的映射，以便回传。

④ 转发的 IP 数据包是通过 Internet 发送的。Web 服务器响应通过 NAT 协议发回和接收。当接收时，数据包包含下面的公用地址信息。

- 目标 IP 地址：202.162.4.1。
- 源 IP 地址：202.202.163.1。
- 目标端口：TCP 端口 2500。
- 源端口：TCP 端口 80。

⑤ NAT 协议检查转换表，将公用地址映射到专用地址，并将数据包转发给位于 192.168.0.2 的计算机。转发的数据包包含以下地址信息。

- 目标 IP 地址：192.168.0.2。
- 源 IP 地址：202.202.163.1。
- 目标端口：TCP 端口 1350。

- 源端口：TCP 端口 80。

> **说明** 对于来自 NAT 协议的传出数据包，源 IP 地址（专用地址）被映射到 ISP 分配的地址
> （公用地址），并且 TCP/IP 端口号也会被映射到不同的 TCP/IP 端口号。对于到 NAT
> 协议的传入数据包，目标 IP 地址（公用地址）被映射到源 Internet 地址（专用地址），
> 并且 TCP/UDP 端口号被重新映射回源 TCP/UDP 端口号。

11.2 项目设计与准备

在架设 NAT 服务器之前，读者需要了解 NAT 服务器配置实例部署的需求和实训环境。

1. 部署需求

在部署 NAT 服务前需满足以下要求。

设置 NAT 服务器的 TCP/IP 属性，手工指定 IP 地址、子网掩码、默认网关和 DNS 服务器 IP 地址等。

部署域环境，域名为 long.com。

2. 部署环境

所有实例都被部署在如图 11-2 所示的网络环境下。其中 NAT 服务器主机名为 WIN2012-1，该服务器连接内部局域网网卡（LAN）的 IP 地址为 192.168.10.1/24，连接外部网络网卡（WAN）的 IP 地址为 200.1.1.1/24；NAT 客户端主机名为 WIN2012-2，其 IP 地址为 192.168.10.2/24；内部 Web 服务器主机名为 Server1，IP 地址为 192.168.10.4/24；Internet 上的 Web 服务器主机名为 WIN2012-3，IP 地址为 200.1.1.3/24。

图 11-2 架设 NAT 服务器网络拓扑图

WIN2012-1、WIN2012-2、WIN2012-3、Server1 可以是 Hyper-V 服务器的虚拟机，也可以是 VMware 的虚拟机。

> **提示** 在 VM 虚拟机中，WIN2012-1 的内部网卡的连接方式采用 VMnet1，WIN2012-1 的外部网卡的连接方式采用 VMnet8，WIN2012-2 和 server1 的网络连接方式采用 VMnet1，WIN2012-3 的网络连接方式采用 VMnet8。

11.3 项目实施

任务 11-1　安装"路由和远程访问"服务器

1. 安装"路由和远程访问服务"角色服务

① 首先按照图 11-1 所示的网络拓扑图配置各计算机的 IP 地址等参数。

② 在计算机 WIN2012-1 上通过"服务器管理器"安装"路由和远程访问服务"角色服务，具体步骤参见任务 11-1。

2. 配置并启用 NAT 服务

在计算机 WIN2012-1 上通过"路由和远程访问"控制台配置并启用 NAT 服务，具体步骤如下。

（1）打开"路由和远程访问服务器安装向导"页面

以管理员账户登录到需要添加 NAT 服务的计算机 WIN2012-1 上，单击"开始"→"管理工具"→"路由和远程访问"，打开"路由和远程访问"控制台。用鼠标右键单击服务器 WIN2012-1，在弹出的快捷菜单中选择"禁用路由和远程访问"（清除 VPN 实验的影响）。

（2）选择网络地址转换（NAT）

用鼠标右键单击服务器 WIN2012-1，在弹出的快捷菜单中选择"配置并启用路由和远程访问"，打开"路由和远程访问服务器安装向导"页面，单击"下一步"按钮，出现"配置"对话框，在该对话框中可以配置 NAT、VPN 以及路由服务，在此选择"网络地址转换（NAT）"单选按钮，如图 11-3 所示。

（3）选择连接到 Internet 的网络接口

单击"下一步"按钮，出现"NAT Internet 连接"对话框，在该对话框中指定连接到 Internet 的网络接口，即 NAT 服务器连接到外部网络的网卡，选择"使用此公共接口连接到 Internet"单选按钮，并选择接口为"Internet 连接"，如图 11-4 所示。

图 11-3　选择网络地址转换（NAT）

图 11-4　选择连接到 Internet 的网络接口

（4）结束 NAT 配置

单击"下一步"按钮，出现"正在完成路由和远程访问服务器安装向导"对话框，最后单击"完成"按钮，即可完成 NAT 服务的配置和启用。

3. 停止 NAT 服务

可以使用"路由和远程访问"控制台停止 NAT 服务，具体步骤如下。

① 以管理员账户登录到 NAT 服务器上，打开"路由和远程访问"控制台，NAT 服务启用后显示绿色向上箭头。

② 用鼠标右键单击服务器，在弹出的快捷菜单中选择"所有任务"→"停止"，停止 NAT 服务。

③ NAT 服务停止以后，显示红色向下箭头，表示 NAT 服务已停止。

4. 禁用 NAT 服务

要禁用 NAT 服务，可以使用"路由和远程访问"控制台，具体步骤如下。

① 以管理员登录到 NAT 服务器上，打开"路由和远程访问"控制台，用鼠标右键单击服务器，在弹出的快捷菜单中选择"禁用路由和远程访问"。

② 弹出"禁用 NAT 服务警告信息"界面。该信息表示禁用路由和远程访问服务后，要重新启用路由器，需要重新配置。

③ 禁用路由和远程访问后的控制台界面，显示红色向下箭头。

任务 11-2　NAT 客户端计算机配置和测试

配置 NAT 客户端计算机，并测试内部网络和外部网络计算机之间的连通性，具体步骤如下。

1. 设置 NAT 客户端计算机网关地址

以管理员账户登录 NAT 客户端计算机 WIN2012-2 上，打开"Internet 协议版本 4（TCP/IPv4）"对话框。设置其"默认网关"的 IP 地址为 NAT 服务器的内网网卡（LAN）的 IP 地址，在此输入"192.168.10.1"，如图 11-5 所示。最后单击"确定"按钮即可。

2. 测试内部 NAT 客户端与外部网络计算机的连通性

在 NAT 客户端计算机 WIN2012-2 上打开命令提示符界面，测试与 Internet 上的 Web 服务器（WIN2012-3）的连通性，输入命令 ping　200.1.1.3，如图 11-6 所示，显示能连通。

图 11-5　设置 NAT 客户端的网关地址

图 11-6　测试 NAT 客户端计算机与外部计算机的连通性

3．测试外部网络计算机与 NAT 服务器、内部 NAT 客户端的连通性

以本地管理员账户登录到外部网络计算机（WIN2012-3）上，打开命令提示符界面，依次使用命令"ping 200.1.1.1""ping 192.168.10.1""ping 192.168.10.2""ping 192.168.10.4"，测试外部计算机 WIN2012-3 与 NAT 服务器外网网卡、内网网卡以及内部网络计算机的连通性，如图 11-7 所示。

```
PS C:\Users\Administrator> ping 200.1.1.1

正在 Ping 200.1.1.1 具有 32 字节的数据:
来自 200.1.1.1 的回复: 字节=32 时间=2ms TTL=128
来自 200.1.1.1 的回复: 字节=32 时间<1ms TTL=128
来自 200.1.1.1 的回复: 字节=32 时间=1ms TTL=128
来自 200.1.1.1 的回复: 字节=32 时间<1ms TTL=128

200.1.1.1 的 Ping 统计信息:
    数据包: 已发送 = 4, 已接收 = 4, 丢失 = 0 (0% 丢失),
往返行程的估计时间(以毫秒为单位):
    最短 = 0ms, 最长 = 2ms, 平均 = 1ms
PS C:\Users\Administrator> ping 192.168.10.1

正在 Ping 192.168.10.1 具有 32 字节的数据:
PING: 传输失败。General failure.
PING: 传输失败。General failure.
PING: 传输失败。General failure.
PING: 传输失败。General failure.

192.168.10.1 的 Ping 统计信息:
    数据包: 已发送 = 4, 已接收 = 0, 丢失 = 4 (100% 丢失),
PS C:\Users\Administrator> ping 192.168.10.2

正在 Ping 192.168.10.2 具有 32 字节的数据:
PING: 传输失败。General failure.
PING: 传输失败。General failure.
PING: 传输失败。General failure.
PING: 传输失败。General failure.

192.168.10.2 的 Ping 统计信息:
    数据包: 已发送 = 4, 已接收 = 0, 丢失 = 4 (100% 丢失),
PS C:\Users\Administrator> ping 192.168.10.4

正在 Ping 192.168.10.4 具有 32 字节的数据:
PING: 传输失败。General failure.
PING: 传输失败。General failure.
PING: 传输失败。General failure.
PING: 传输失败。General failure.

192.168.10.4 的 Ping 统计信息:
    数据包: 已发送 = 4, 已接收 = 0, 丢失 = 4 (100% 丢失),
```

图 11-7　测试外部网络计算机与 NAT 服务器、内部 NAT 客户端的连通性

任务 11-3　外部网络主机访问内部 Web 服务器

要让外部网络的计算机 WIN2012-3 能够访问内部 Web 服务器 Server1，具体步骤如下。

1．在内部网络计算机 Server1 上安装 Web 服务器

如何在 Server1 上安装 Web 服务器，请参考"项目 8 配置与管理 Web 服务器"。

2．将内部网络计算机 Server1 配置成 NAT 客户端

以管理员账户登录 NAT 客户端计算机 Server1 上，打开"Internet 协议版本 4（TCP/IPv4）"对话框。设置其"默认网关"的 IP 地址为 NAT 服务器的内网网卡（LAN）的 IP 地址，在此输入 192.168.10.1，最后单击"确定"按钮即可。

 注意　使用端口映射等功能时，内部网络计算机一定要配置成 NAT 客户端。

3．设置端口地址转换

① 以管理员账户登录到 NAT 服务器，打开"路由和远程访问"控制台，依次展开服务器 WIN2012-1 和 IPv4 节点，单击 NAT，在控制台右侧界面中，用鼠标右键单击 NAT 服务器的外

网网卡"Internet 连接"，在弹出的快捷菜单中选择"属性"，如图 11-8 所示，打开"Internet 连接属性"对话框。

② 在"Internet 连接属性"对话框中，选择图 11-9 所示的"服务和端口"选项卡，设置将 Internet 用户重定向到内部网络上的服务。

③ 选择"服务"列表中的"Web 服务器（HTTP）"复选框，打开"编辑服务"对话框，在"专用地址"文本框中输入安装 Web 服务器的内部网络计算机 IP 地址，在此输入"192.168.10.4"，如图 11-10 所示，单击"确定"按钮。

图 11-8　打开 WAN 网卡属性对话框

图 11-9　"地址池"选项卡

图 11-10　编辑服务

④ 返回"服务和端口"选项卡，可以看到已经选择了"Web 服务器（HTTP）"复选框，然后单击"确定"按钮，完成端口地址转换的设置。

4. 从外部网络访问内部 Web 服务器

① 以管理员账户登录到外部网络的计算机 WIN2012-3。

② 打开 IE 浏览器，输入 http://200.1.1.1，打开内部计算机 Server1 上的 Web 网站。请读者试一试。

> **注意**　200.1.1.1 是 NAT 服务器外部网卡的 IP 地址。

5. 在 NAT 服务器上查看地址转换信息

① 以管理员账户登录到 NAT 服务器 WIN2012-1，打开"路由和远程访问"控制台，依次展

开服务器 WIN2012-1 和 IPv4 节点，单击 NAT，在控制台右侧界面中显示 NAT 服务器正在使用的连接内部网络的网络接口。

② 用鼠标右键单击 "Internet 连接"，在弹出的快捷菜单中选择 "显示映射"，打开图 11-11 所示的 "WIN2012-1-网络地址转换会话映射表格" 窗口。该窗口信息表示外部网络计算机 200.1.1.3 访问到内部网络计算机 192.168.10.4 的 Web 服务，NAT 服务器将 NAT 服务器外网卡 IP 地址 200.1.1.1 转换成了内部网络计算机的 IP 地址 192.168.10.4。

WIN2012-1 - 网络地址转换会话映射表格							
协议	方向	专用地址	专用端口	公用地址	公用端口	远程地址	远程端口	空闲时间
TCP	入站	192.168.10.4	80	200.1.1.1	80	200.1.1.3	49,362	20

图 11-11　网络地址转换会话映射表格

任务 11-4　设置 NAT 客户端

前面已经实践过设置 NAT 客户端，在这总结一下。局域网 NAT 客户端只要修改 TCP/IP 的设置即可。可以选择以下两种设置方式。

1. 自动获得 TCP/IP

此时客户端会自动向 NAT 服务器或 DHCP 服务器索取 IP 地址、默认网关、DNS 服务器的 IP 地址等设置。

2. 手工设置 TCP/IP

手工设置 IP 地址要求客户端的 IP 地址必须与 NAT 局域网接口的 IP 地址在相同的网段内，也就是 Network ID 必须相同。默认网关必须设置为 NAT 局域网接口的 IP 地址，本例中为 192.168.10.1。首选 DNS 服务器可以设置为 NAT 局域网接口的 IP 地址，或是任何一台合法的 DNS 服务器的 IP 地址。

完成后，客户端的用户只要上网、收发电子邮件、连接 FTP 服务器等，NAT 就会自动通过 PPPoE 请求拨号来连接 Internet。

11.4　习题

一、填空题

1. NAT 是_____的简称，中文是_____。

2. NAT 位于使用专用地址的_____和使用公用地址的_____之间。从 Intranet 传出的数据包由 NAT 将它们的_____地址转换为_____地址。从 Internet 传入的数据包由 NAT 将它们的_____地址转换为_____地址。

3. NAT 也起到将_____网络隐藏起来，保护_____网络的作用，因为对外部用户来说，只有使用_____地址的 NAT 是可见的。

4. NAT 让位于内部网络的多台计算机只需要共享一个公共 IP 地址，就可以同时连接 Internet、浏览网页与收发电子邮件。

二、简答题

1. 网络地址转换 NAT 的功能是什么？

2. 简述地址转换的原理，即 NAT 的工作过程。

3. 下列不同技术有何异同？（可参考课程网站上的补充资料）

① NAT 与路由；② NAT 与代理服务器；③ NAT 与 Internet 共享

11.5 项目实训　配置与管理 NAT 服务器

一、实训目的

- 了解使局域网内部的计算机连接到 Internet 的方法。
- 掌握使用 NAT 实现网络互连的方法。
- 掌握远程访问服务的实现方法。

11-1　实训项目
配置与管理 VPN
和 NAT 服务器

二、项目环境

本项目根据图 11-2 所示的环境来部署 NAT 服务器。

三、项目要求

根据图 11-2 所示网络拓扑图，完成如下任务。

① 部署架设 NAT 服务器的需求和环境。

② 安装"路由和远程访问服务"角色服务。

③ 配置并启用 NAT 服务。

④ 停止 NAT 服务。

⑤ 禁用 NAT 服务。

⑥ NAT 客户端计算机配置和测试。

⑦ 外部网络主机访问内部 Web 服务器。

⑧ 配置筛选器。

⑨ 设置 NAT 客户端。

⑩ 配置 DHCP 分配器与 DNS 代理。

项目 12
配置与管理证书服务器

12

对于大型计算机网络，数据的安全和管理的自动化历来都是人们追求的目标，特别是随着 Internet 的迅速发展，在 Internet 上处理事务、交流信息和交易等越来越广泛，越来越多的重要数据要在网上传输，网络安全问题也更加被重视。尤其是在电子商务活动中，必须保证交易双方能够互相确认身份，安全地传输敏感信息，同时还要防止被人截获、篡改，或者假冒交易等。因此，如何保证重要数据不受到恶意的损坏，成为网络管理最关键的问题之一。而通过部署公开密钥基础架构（Public Key Infrastructure，PKI），利用 PKI 提供的密钥体系来实现数字证书签发、身份认证、数据加密和数字签名等功能，可以确保电子邮件、电子商务交易、文件传送等各类数据传输的安全性。

本项目学习要点

- PKI 概述。
- 配置与管理证书。

- SSL 网站证书实例。

12.1 项目基础知识

12.1.1 PKI 概述

用户通过网络将数据发送给接收者时，可以利用 PKI 提供的以下 3 种功能来确保数据传输的安全性。

- 将传输的数据加密（Encryption）。
- 接收者计算机会验证收到的数据是否是由发件人本人发送来的（Authentication）。
- 接收者计算机还会确认数据的完整性（Integrity），也就是检查数据在传输过程中是否被篡改。
  PKI 根据公开密钥加密（Public Key Cryptography）来提供上述功能，而用户需要拥有以下一组密钥来支持这些功能。
- 公钥：用户的公钥（Public Key）可以公开给其他用户。

- 私钥：用户的私钥（Private Key)是该用户私有的，且存储在用户的计算机内，只有他能够访问。

用户需要通过向证书颁发机构（Certification Authority，CA）申请证书（Certificate）的方法来拥有与使用这一组密钥。

1. 公钥加密法

数据被加密后，必须经过解密才能读取数据的内容。PKI 使用公钥加密（Public Key Encryption）机制来对数据进行加密与解密。发件人利用收件人的公钥将数据加密，而收件人利用自己的私钥将数据解密。例如，图 12-1 为用户 Bob 发送一封经过加密的电子邮件给用户 Alice 的流程。

图 12-1　发送一封经过加密的电子邮件

在图 12-1 中，Bob 必须先取得 Alice 的公钥，才可以利用此密钥来将电子邮件加密，而因为 Alice 的私钥只存储在她的计算机内，故只有她的计算机可以将此邮件解密，因此她可以正常读取此邮件。其他用户即使拦截这封邮件，也无法读取邮件内容，因为他们没有 Alice 的私钥，无法将其解密。

> **注意**　公钥加密体系使用公钥来加密，私钥来解密，此方法又称为非对称式（Asymmetric）加密。另一种加密法是单密钥加密（Secret Key Encryption），又称为对称式（Symmetric）加密，其加密、解密都使用同一个密钥。

2. 公钥验证

发件人可以利用公钥验证（Public Key Authentication）来将待发送的数据进行"数字签名"（Digital Signature），而收件人计算机在收到数据后，便能够通过此数字签名来验证数据是否确实是由发件人本人发出的，同时还会检查数据在传输的过程中是否被篡改。

发件人是利用自己的私钥对数据进行签名的，而收件人计算机会利用发件人的公钥来验证此份数据。例如，图 12-2 为用户 Bob 发送一封经过数字签名的电子邮件给用户 Alice 的流程。

图 12-2　发送一封经过数字签名的电子邮件

由于图 12-2 中的邮件是经过 Bob 的私钥签名，而公钥与私钥是一对的，因此收件人 Alice 必须先取得发件人 Bob 的公钥后，才可以利用此密钥来验证这封邮件是否是由 Bob 本人发送过来的，并检查这封邮件是否被篡改。

数字签名是如何产生的？又是如何用来验证用户身份的呢？其流程如下。

STEP 1 发件人的电子邮件经过消息哈希算法（Message Hash Algorithm）的运算处理后，产生一个消息摘要（Message Digest），它是一个数字指纹（Digital Fingerprint）。

STEP 2 发件人的电子邮件软件利用发件人的私钥将此 Message Digest 加密，所使用的加密方法为公钥加密算法（Public Key Encryption Algorithm），加密后的结果被称为数字签名。

STEP 3 发件人的电子邮件软件将原电子邮件与数字签名一并发送给收件人。

STEP 4 收件人的电子邮件软件会将收到的电子邮件与数字签名分开处理。

- 电子邮件重新经过消息哈希算法的运算处理后，产生一个新的消息摘要。
- 数字签名经过公钥加密算法的解密处理后，可得到发件人传来的原消息摘要。

STEP 5 新消息摘要与原消息摘要应该相同，否则表示这封电子邮件被篡改或是冒用发件人身份发来的。

3. 网站安全连接

安全套接层（Secure Sockets Layer，SSL）是一个以 PKI 为基础的安全性通信协议，若要让网站拥有 SSL 安全连接功能，就需要为网站向证书颁发机构（CA）申请 SSL 证书（Web 服务器证书），证书内包含公钥、证书有效期限、发放此证书的 CA、CA 的数字签名等数据。

在网站拥有 SSL 证书之后，浏览器与网站之间就可以通过 SSL 安全连接来通信了，也就是将 URL 路径中的 http 改为 https，例如，若网站为 www.long.com，则浏览器是利用 https://www.long.com/ 来连接网站的。

以图 12-3 来说明浏览器与网站之间如何建立 SSL 安全连接。建立 SSL 安全连接时，会建立一个双方都同意的会话密钥（Session Key），并利用此密钥来将双方所传送的数据加密、解密并确认数据是否被篡改。

图 12-3 浏览器与网站之间建立 SSL 安全连接

STEP 1 客户端浏览器利用 https://long.com 来连接网站时，客户端会先发出 Client Hello 信息给 Web 服务器。

STEP 2 Web 服务器会响应 Server Hello 信息给客户端，此信息内包含网站的证书信息（内含公钥）。

STEP 3 客户端浏览器与网站双方开始协商 SSL 连接的安全等级，例如，选择 40 或 128 位加密密钥。位数越多，越难破解，数据越安全，但网站性能就越差。

STEP 4 浏览器根据双方同意的安全等级来建立会话密钥，利用网站的公钥将会话密钥加密，将加密过后的会话密钥发送给网站。

STEP 5 网站利用它自己的私钥来将会话密钥解密。

STEP 6 浏览器与网站双方相互之间传送的所有数据，都会利用这个会话密钥进行加密与解密。

12.1.2 证书颁发机构概述与根 CA 的安装

无论是电子邮件保护还是 SSL 网站安全连接，都需要申请证书（Certification），才可以使用公钥与私钥来执行数据加密与身份验证的操作。证书就好像是汽车驾驶执照一样，必须拥有汽车驾驶执照（证书）才能开车（使用密钥）。而负责发放证书的机构被称为证书颁发机构（Certification Authority，CA）。

用户或网站的公钥与私钥是如何产生的呢？在申请证书时，需要输入姓名、地址与电子邮件地址等数据，这些数据会被发送到一个称为 CSP（Cryptographic Service Provider）的程序，此程序已经被安装在申请者的计算机内或此计算机可以访问的设备内。

CSP 会自动建一对密钥：一个公钥与一个私钥。CSP 会将私钥存储到申请者计算机的注册表（Registry）中，然后将证书申请数据与公钥一并发送给 CA。CA 检查这些数据无误后，会利用 CA 自己的私钥将要发放的证书进行签名，然后发放此证书。申请者收到证书后，将证书安装到他的计算机。

证书内包含了证书的颁发对象（用户或计算机）、证书有效期限、颁发此证书的 CA 与 CA 的数字签名（类似于汽车驾驶执照上的交通部盖章），还有申请者的姓名、地址、电子邮件地址、公钥等数据。

 注意 用户计算机若安装读卡设备，就可以利用智能卡来登录，不过也需要通过类似程序来申请证书，CSP 会将私钥存储到智能卡内。

1. CA 的信任

在 PKI 架构下，当用户利用某 CA 发放的证书来发送一封经过签名的电子邮件时，收件人的计算机应该要信任（Trust）由此 CA 发放的证书，否则收件人的计算机会将此电子邮件视为有问题的邮件。

又例如，客户端利用浏览器连接 SSL 网站时，客户端计算机也必须信任发放 SSL 证书给此网站的 CA，否则客户端浏览器会显示警告信息。

系统默认已经自动信任一些知名商业 CA，而 Windows 8 计算机可通过打开桌面版 Internet Explore，按 Alt 键，单击 "工具" 菜单，选择 Internet 选项，在 "内容" 选项卡中单击 "证书" 按钮，在 "证书" 对话框的 "受信任的根证书颁发机构" 选项卡中查看其已经信任的 CA，如图 12-4 所示。

图 12-4 受信任的根证书颁发机构

用户可以向上述商业 CA 申请证书，如 VeriSign，但若公司只是希望在各分公司、事业合作伙伴、供货商与客户之间，能够安全地通过 Internet 传送数据，则可以不需要向上述商业 CA 申请证书，因为可以利用 Windows Server 2012 R2 的 Active Directory 证书服务（Active Directory Certificate Services，虽名称为 Active Directory Certificate Services，但可以不需要域环境）来自行配置 CA，然后利用此 CA 将证书发放给员工、客户与供货商等，并让他们的计算机信任此 CA。

2. AD CS 的 CA 种类

若通过 Windows Server 2012 R2 的 Active Directory 证书服务（AD CS）来提供 CA 服务，则可以选择将此 CA 设置为以下角色之一。

- 企业根 CA（Enterprise Root CA）。它需要 Active Directory 域，可以将企业根 CA 安装到域控制器或成员服务器。它发放证书的对象仅限于域用户，当域用户申请证书时，企业根 CA 会从 Active Directory 中得知该用户的账户信息并据以决定该用户是否有权利来申请所需证书。企业根 CA 主要应该用于发放证书给从属 CA，虽然企业根 CA 还是可以发放保护电子邮件安全、网站 SSL 安全连接等证书，不过应该将发放这些证书的工作交给从属 CA 来负责。

- 企业从属 CA（Enterprise Subordinate CA）。企业从属 CA 也需要 Active Directory 域，企业从属 CA 适合于用来发放保护电子邮件安全、网站 SSL 安全连接等证书。企业从属 CA 必须向其父 CA（如企业根 CA）取得证书之后，才会正常工作。企业从属 CA 也可以发放证书给下一层的从属 CA。

- 独立根 CA（Standalone Root CA）：独立根 CA 类似于企业根 CA，但不需要 Active Directory 域，扮演独立根 CA 角色的计算机可以是独立服务器、成员服务器或域控制器。无论是否为域用户，都可以向独立根 CA 申请证书。

- 独立从属 CA(Standalone Subordinate CA)。独立从属 CA 类似于企业从属 CA，但不需要 Active Directory 域，扮演独立从属 CA 角色的计算机可以是独立服务器、成员服务器或域控制器。无论是否为域用户，都可以向独立从属 CA 申请证书。

12.2 项目设计与准备

1. 项目设计

实现网站的 SSL 连接访问，拓扑图如图 12-5 所示。

图 12-5 实现网站的 SSL 连接访问拓扑图

在部署 CA 服务前需满足以下要求。

- WIN2012-1：域控制器、DNS 服务器、Web 服务器，也可以部署企业 CA，IP 地址为 192.168.10.1/24，DNS 为 192.168.10.1。
- WIN2012-2：成员服务器（独立服务器也可以），部署独立根 CA，IP 地址为 192.168.10.2/24，DNS 为 192.168.10.1。
- Win8PC：客户端（使用 Windows 8 操作系统），IP 地址为 192.168.10.200/24，DNS 为 192.168.10.1，Windows 8 计算机 Win8PC 信任独立根 CA。

WIN2012-1、WIN2012-2、win8PC 可以是 Hyper-V 服务器的虚拟机，也可以是 VMware 的虚拟机。

2. 项目准备

只有为网站申请 SSL 证书，网站才会具备 SSL 安全连接的能力。若网站要向 Internet 用户提供服务，请向商业 CA 申请证书，如 VeriSign；若网站只是向内部员工、企业合作伙伴提供服务，则可自行利用 Active Directory 证书服务（AD CS）来配置 CA，并向此 CA 申请证书即可。我们将利用 AD CS 来配置 CA，并通过以下步骤演示 SSL 网站的配置。

① 在 WIN2012-2 上安装独立根 CA：long-WIN2012-2-CA。可以在 WIN2012-1 上安装企业 CA：long-WIN2012-1-CA。

② 在网站计算机上创建证书申请文件。

③ 利用浏览器将证书申请文件发送给 CA，然后下载证书文件。

- 企业 CA：由于企业 CA 会自动发放证书，因此在将证书申请文件发送给 CA 后，就可以直接下载证书文件。
- 独立根 CA：独立根 CA 默认并不会自动发放证书，因此必须等 CA 管理员手动发放证书后，再利用浏览器来连接 CA 并下载证书文件。

④ 将 SSL 证书安装到 IIS 计算机，并将其绑定（Binding）到网站，该网站便拥有 SSL 安全连接的能力。

⑤ 测试客户端浏览器与网站之间 SSL 的安全连接功能是否正常。

利用图 12-5 来练习 SSL 安全连接。

- 图 12-5 中要启用 SSL 的网站为计算机 WIN2012-1 的 Web Test Site，其网址为 www.long.com，请先在此计算机安装好 IIS 角色（提前做好）。
- WIN2012-1 扮演 DNS 服务器，请安装好 DNS 服务器角色，并在其内建立正向查找区域 long.com、建立主机记录 www（IP 地址为 192.168.10.2，提前做好）。
- 独立根 CA 安装在 WIN2012-2 上，其名称为 long-WIN2012-2-CA。
- 要在 Win8PC 计算机上利用浏览器来连接 SSL 网站。CA2（WIN2012-2）与 Win8PC 计算机可直接使用图 12-5 中的计算机，但需另外指定首选 DNS 服务器 IP 地址 192.168.10.1。

12.3 项目实施

任务 12-1　安装证书服务并架设独立根 CA

在 WIN2012-2 上安装证书服务并架设独立根 CA。

1. 安装证书服务器

12-1　安装证书服务并架设独立根 CA

STEP 1　请利用 Administrators 组成员的身份登录图 12-5 中的 WIN2012-2，安装 CA2（若要安装企业根 CA，请利用域 Enterprise Admins 组成员的身份登录 WIN2012-1，安装 CA）。

STEP 2　打开服务器管理器，单击仪表板处的添加角色和功能，持续单击"下一步"按钮，直到出现图 12-6 所示的"选择服务器角色"窗口时勾选"Active Directory 证书服务"复选框，随后在弹出的功能窗口中单击"添加功能"按钮。（如果没安装 Web 服务器，在此一并安装）

图 12-6　添加 AD CS 和 Web 服务器角色

STEP 3　持续单击"下一步"按钮，直到出现图 12-7 所示的界面。

图 12-7　Web 服务器角色

STEP 4 持续单击"下一步"按钮，直到出现图 12-8 所示的窗口，请确保勾选"证书颁发机构"和"证书颁发机构 Web 注册"复选框，单击"安装"按钮，顺便安装 IIS 网站，以便让用户利用浏览器来申请证书。

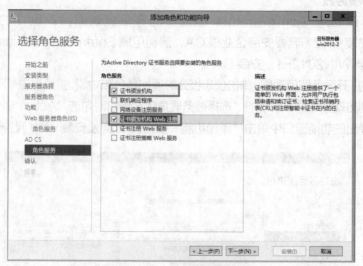

图 12-8　勾选"证书颁发机构"和"证书颁发机构 Web 注册"复选框

STEP 5 持续单击"下一步"按钮，直到出现确认安装所选内容界面时，单击"安装"按钮。

STEP 6 如图 12-9 所示，单击完成安装界面中的配置目标服务器上的 Active Directory 证书服务。

2. 架设独立根 CA

STEP 1 在图 12-10 中直接单击"下一步"按钮，开始配置 AD CS。

STEP 2 勾选"证书颁发机构"和"证书颁发机构 Web 注册"复选框，如图 12-11 所示，单击"下一步"按钮。

图 12-9　完成安装 AD CS

图 12-10　开始配置 AD CS

图 12-11　角色服务

STEP 3 在图 12-12 中选择 CA 的类型后，单击"下一步"按钮。

图 12-12　设置类型

注意 若此计算机是独立服务器或用户不是利用域 Enterprise Admins 成员身份登录，就无法选择企业 CA。

STEP 4 在图 12-13 中选择"根 CA"后，单击"下一步"按钮。

图 12-13　指定 CA 的类型

STEP 5 在图 12-14 中选择"创建新的私钥"后单击"下一步"按钮。此为 CA 的私钥，CA 必须拥有私钥后，才可以给客户端发放证书。

图 12-14　创建新的私钥

注意　若是重新安装 CA（之前已经在这台计算机安装过），则可以选择使用前一次安装时创建的私钥。

STEP 6　出现"指定加密选项"界面时直接单击"下一步"按钮，采用默认的建立私钥的方法即可。

STEP 7　出现"指定 CA 名称"界面时，为此 CA 设置名称（假设是 WIN2012-2-CA）后，单击"下一步"按钮。

STEP 8　在"指定有效期"界面中单击"下一步"按钮。CA 的有效期默认为 5 年。

STEP 9　在"指定数据库位置"界面中单击"下一步"按钮，采用默认值即可。

STEP 10　在"确认"界面中单击"配置"按钮，出现"结果"界面时单击"关闭"按钮。

安装完成后，可按 Windows 键切换到"开始"菜单，选择"证书颁发机构"或在服务器管理器中单击右上方的工具，选择证书颁发机构，来管理 CA。如图 12-15 所示为独立根 CA 的管理界面。

图 12-15　证书颁发机构（本地）

若是企业 CA，则它是根据证书模板（见图 12-16）来发放证书的。例如，图 12-16 中右方的用户模板内同时提供了可以用来对文件加密的证书、保护电子邮件安全的证书与验证客户端身份的证书。（在 WIN2012-1 上安装企业 CA：long-WIN2012-1-CA。）

图 12-16　企业 CA 的证书模板

任务 12-2　DNS 与测试网站准备

Web 网站建立在 WIN2012-1 上。

STEP 1 在 WIN2012-1 上配置 DNS，新建主机记录，如图 12-17 所示。WIN2012-1（192.168.10.1）为 www.long.com，WIN2012-2（192.168.10.2）为 www2.long.com。

STEP 2 在 WIN2012-1 上配置 Web 服务器，停用网站 Default Web Site，重新建立测试网站，其网址为 www.long.com（192.168.10.1），网站的主目录是 C:\Web，如图 12-18 所示。

12-2　DNS 与测试网站准备

图 12-17　在 WIN2012-1 上配置 DNS

STEP 3 为了测试 SSL 网站是否正常，在网站主目录下（假设是 C:\Web），利用记事本创建文件名为 index.htm 的首页文件，如图 12-19 所示。建议先在资源管理器内，单击"查看"菜单，勾选"扩展名"，如此在建立文件时才不容易弄错扩展名，同时在图 12-19 中才看到文件 index.htm 的扩展名为.htm。

图 12-18　启用网站 Default Web Site

图 12-19　在主目录创建文件 default.htm

任务 12-3　让浏览器计算机 Win8PC 信任 CA

网站 Web（WIN2012-1）与运行浏览器的计算机 Win8PC 都应该信任发放 SSL 证书的 CA（WIN2012-2），否则浏览器在利用 https（SSL）连接网站时会显示警告信息。

若是企业 CA，而且网站与浏览器计算机都是域成员，则它们都会自动信任此企业 CA。然而图 12-5 中的 CA 为独立根 CA，且 Win8PC 都没有加入域，故需要在这台计算机上手动执行信任 CA 的操作。以下步骤是让图 12-5 中的 Windows 8 计算机 Win8PC 信任图 12-5 中的独立根 CA。

12-3　让浏览器
计算机 Win8PC
信任 CA

STEP 1　在 Win8PC 上打开 Internet Explorer，并输入 URL 路径：
http://192.168.10.2/certsrv，其中 192.168.10.2 为图 12-5 中独立根 CA 的 IP 地址，此处也可改为 CA 的 DNS 主机名（http://www2.long.com/certsrv）或 NetBIOS 计算机名称。

STEP 2　在图 12-20 中单击"下载 CA 证书、证书链或 CRL"。

> **注意**　若客户端为 Windows Server 2012 R2 计算机，则先将其 IE 增强的安全配置关闭，否则系统会阻挡其连接 CA 网站：打开服务器管理器，单击"本地服务器"，单击"IE 增强的安全配置"右方的配置值，选择"管理员"处的"关闭"，如图 12-21 所示。

图 12-20　下载 CA 证书

图 12-21　关闭 IE 增强的安全配置

STEP 3 在图 12-22 中单击"下载 CA 证书链"（或单击下载 CA 证书），然后在前景图中单击"保存"按钮右侧的下拉按钮，选择"另存为"命令，将证书下载到本地 C:\cert\certnew.p7b。默认的文件名为 certnew.p7b。

图 12-22　保存证书文件到本地

STEP 4 用鼠标右键单击"开始"菜单，单击"运行"，在"运行"对话框中的"打开"栏下输入"mmc"，然后单击"确定"按钮。单击"文件"菜单，单击"添加/删除管理单元"，然后从可用的管理单元列表中选择"证书"后单击"添加"按钮，在图 12-23 中选择"计算机账户"，之后依次单击"完成""确定"按钮。

图 12-23 保存证书文件到本地

STEP 5 展开"受信任的根证书颁发机构"，选中"证书"，单击鼠标右键，选择"所有任务"→"导入"，如图 12-24 所示，单击"下一步"按钮。

图 12-24 选择"证书"→"导入"

STEP 6 在图 12-25 中选择之前下载的 CA 证书链文件后，单击"下一步"按钮。

STEP 7 依次单击"下一步""完成""确定"按钮，图 12-26 所示为完成后的界面。

图 12-25 选择要导入的文件

图 12-26 完成后的界面

任务 12-4　在 Web 服务器上配置证书服务

在扮演网站 www.long.com 角色的 Web 计算机 WIN2012-1 上执行以下操作。

1. 在网站上创建证书申请文件

STEP 1 单击"开始"→"管理工具"→"Internet Information Services（IIS）管理器"。

STEP 2 依次单击"WIN2012-1""服务器证书""创建证书申请"，如图 12-27 所示。

12-4　在 Web 服务器上配置证书服务（1）

图 12-27　创建证书申请

STEP 3 在图 12-28 中输入网站的相关数据后，单击"下一步"按钮。

图 12-28　可分辨名称属性

注意 因为在通用名称处输入的网址被定义为 www.long.com，故客户端需使用此网址来连接 SSL 网站。

STEP 4 在图 12-29 中直接单击"下一步"按钮即可。图 12-29 中的"位长"是用来定义网站公钥的位长，位长越大，安全性越高，但效率越低。

图12-29 加密服务提供程序属性

STEP 5 在图 12-30 中指定证书申请文件名与存储位置后，单击"完成"按钮。

图12-30 指定证书申请文件名

2. 申请证书与下载证书

请继续在扮演网站角色的计算机 WIN2012-1 上执行以下操作（以下是针对独立根 CA，但会附带说明企业 CA 的操作）。

STEP 1 将 IE 增强的安全配置关闭，否则系统会阻挡其连接 CA 网站：打开服务器管理器，单击本地服务器，单击"IE 增强的安全配置"右方的配置值，选择"管理员"处的"关闭"。

STEP 2 打开 Internet Explorer，并输入 URL 路径: http://192.168.10.2/

12-5　在 Web 服务器上配置证书服务（2）

certsrv。

其中，192.168.10.2 为图 12-5 中独立根 CA 的 IP 地址，此处也可改为 CA 的 DNS 主机名或 NetBIOS 计算机名称。

STEP 3 在图 12-31 中选择"申请证书""高级证书申请"。

图 12-31　申请一个证书

注意 若是向企业 CA 申请证书，则系统会先要求输入用户账户与密码，此时请输入域系统管理员账户（如 long\administrator）与密码。

STEP 4 如图 12-32 所示，单击第二个选项。

图 12-32　高级证书申请

STEP 5 在开始下一个步骤之前，请先利用记事本打开前面的证书申请文件 C:\webcert.txt，然后复制整个文件的内容，如图 12-33 所示。

STEP 6 将复制下来的内容，粘贴到图 12-34 所示界面中的"Base-64 编码的证书申请"文本框中，完成后单击"提交"按钮。

图12-33 复制整个证书申请文件

图12-34 提交一个证书申请或续订申请

 注意 若是企业 CA，则将复制下来的内容粘贴到图 12-35 中的"Base-64 编码的证书申请"
文本框中，在"证书模板"下拉列表中选择"Web 服务器"，单击"提交"按钮，然
后直接跳到 **STEP 10**。

图12-35 提交一个证书申请或续订申请（企业CA）

STEP 7 因为独立根 CA 默认并不会自动颁发证书，故按图 12-36 的要求，等 CA 系统管理员发放此证书后，再来连接 CA 与下载证书。该证书 ID 为 2。

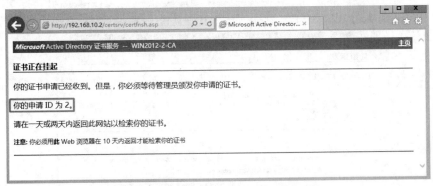

图 12-36　等待 CA 系统管理员发放此证书

STEP 8 到 CA 计算机（WIN2012-2）上按 Windows 键切换到"开始"菜单，选择管理工具→证书颁发机构→挂起的请求，选中图 12-37 中的证书请求并单击鼠标右键，选择"所有任务"→"颁发"。颁发完成后，该证书由挂起的请求移到颁发的证书。

图 12-37　CA 系统管理员发放此证书

STEP 9 回到网站计算机（WIN2012-2）上，打开网页浏览器，连接到 CA 网页（如 http://192.168.10.2/certsrv），按图 12-38 所示进行选择。

图 12-38　查看挂起的证书申请的状态

STEP 10 在图 12-39 中选择"下载证书"，单击"保存"按钮将证书保存到本地，默认的文件名为 certnew.cer。

图 12-39　下载证书并保存在本地

> **注意**　该证书默认保存在用户的 downloads 文件夹下，如 C:\users\administrator\downloads\certnew.cer。如果使用"另存为"则可以更改此默认文件夹。

3. 安装证书

将从 CA 下载的证书安装到 IIS 计算机（WIN2012-1）上。

STEP 1 单击"WIN2012-1"→"服务器证书"，完成证书申请，如图 12-40 所示。

STEP 2 在图 12-41 中选择前面下载的证书文件，为其设置好记的名称（如 Web Test Site Certificate）。将证书存储到"个人"证书存储区，单击"确定"按钮。

12-6　在 Web 服务器上配置证书服务（3）

图 12-40　完成证书申请

图 12-41　指定证书颁发机构响应的文件名

STEP 3 图 12-42 所示为完成后的界面。

图 12-42　完成后的界面

4. 绑定 https 通信协议

STEP 1 将 https 通信协议绑定到 Web Site，单击 Web Test Site 右方的"绑定"，如图 12-43 所示。

STEP 2 单击"添加"按钮，在"类型"下拉列表中选择 https，在"SSL 证书"下拉列表中选择 Web Test Site Certificate 后单击"确定"按钮，再单击"关闭"按钮，如图 12-44 所示。

STEP 3 图 12-45 所示为完成后的界面。

图 12-43　Default Web Site 主页设置

图 12-44　添加网站绑定

图 12-45　完成后的界面

任务 12-5　测试 SSL 安全连接

12-7　测试 SSL
安全连接

STEP 1 利用图 12-5 中的 Win8PC 计算机，来尝试与 SSL 网站建立 SSL 安全连接。开启桌面版 Internet Explorer，然后利用一般连接方式 http://192.168.10.1 来连接网站，此时应该会看到图 12-46 所示的界面。

STEP 2 利用 SSL 安全连接方式 https://192.168.10.1 来连接网站，此时应该会看到图 12-47 所示的警告界面。表示这台 Win8PC 计算机并未信任发放 SSL 证书的 CA，此时仍然可以单击下方的"继续浏览此网站（不推荐）"来打开网页或先执行信任的操作后再来测试。

图 12-46　测试网站正常运行

图 12-47　利用 SSL 安全连接方式 https://192.168.10.1

注意　如果确定所有的设置都正确，但是在这台 Windows 8 计算机的浏览器界面上却没有出现应该有的结果时，则将 Internet 临时文件删除后再试试看，方法为：按 Alt 键，单击"工具"菜单，选择"Internet 选项"，单击"浏览历史记录"处的"删除"按钮，确认"Internet 临时文件"已勾选后单击"删除"按钮，或是按 Ctrl+F5 组合键要求它不要读取临时文件，而是直接连接网站。

STEP 3 系统默认并未强制客户端需要利用 https 的 SSL 方式来连接网站，因此也可以通过 http 方式来连接。若要强制，可以针对整个网站、单一文件夹或单一文件来设置，以整个网站为例，其设置方法为：单击网站"Web Test Site"，选择"SSL 设置"，勾选"要求 SSL"后单击"应用"按钮，如图 12-48 所示。

图12-48 设置整个网站的SSL

> **注意** ① 如果仅对某个文件夹，那么选中要设置的文件夹而不是整个 Web Site。②若要针对单一文件设置，则先单击文件所在的文件夹，单击中间下方的"内容视图"，再单击右方的"切换至功能视图"，通过中间的"SSL 设置"来设置。

STEP 4 在客户端 Win8PC 上再次进行测试。打开浏览器，输入 http://192.168.10.1 或者 http://www.long.com，由于需要 SSL 链接，所以出现错误，如图 12-49 所示。

图12-49 非SSL连接被禁止访问

STEP 5 打开浏览器，输入 https://192.168.10.1，此时应该会看到图 12-47 所示的警告界面，表示这台 Win8PC 计算机并未信任发放 SSL 证书的 CA，此时仍然可以单击下方的"继续浏览此网站（不推荐）"来打开网页。不过请注意：在打开网站的同时，也出现证书错误信息："不匹配的地址"，如图 12-50 所示。因为在前面设置的通用名称是 www.long.com，不是 192.168.10.1。

图 12-50　证书错误：不匹配的地址

STEP 6 在浏览器地址栏中输入 https://www.long.com，正常运行，如图 12-51 所示。

图 12-51　成功访问 SSL 网站

12.4 习题

一、填空题

1. 数字签名通常利用公钥加密方法实现，其中发送者签名使用的密钥为发送者的_____。

2. 身份验证机构的_____可以确保证书信息的真实性，用户的_____可以保证数字信息传输的完整性，用户的_____可以保证数字信息的不可否认性。

3. 认证中心颁发的数字证书均遵循_____标准。

4. PKI 的中文名称是_____，英文全称是_____。

5. _____专门负责数字证书的发放和管理，以保证数字证书的真实可靠，也称_____。

6. Windows Server 2012 R2 支持两类认证中心：_____和_____，每类 CA 中都包含根 CA 和从属 CA。

7. 申请独立 CA 证书时，只能通过_____方式。

8. 独立 CA 在收到申请信息后，不能自动核准与发放证书，需要_____证书，然后客户端才能安装证书。

二、简答题

1. 对称密钥和非对称密钥的特点各是什么？

2. 什么是数字证书？

3. 证书的用途是什么？

4. 企业根 CA 和独立根 CA 有什么不同？

5. 安装 Windows Server 2012 R2 认证服务的核心步骤是什么？

6. 证书与 IIS 结合实现 Web 站点的安全性的核心步骤是什么？

7. 简述证书的颁发过程。

12.5 项目实训 实现网站的 SSL 连接访问

一、实训目的

- 掌握企业 CA 的安装与证书申请。
- 掌握数字证书的管理方法及技巧。

二、实训环境

本项目需要计算机 2 台，DNS 域为 long.com。一台安装 Windows Server 2012 R2 企业版，用作 CA 服务器、DNS 服务器和 Web 服务器，IP 地址为 192.168.10.2/24，DNS 为 192.168.10.2，计算机名为 WIN2012-2。一台安装 Windows 8 作为客户端进行测试，IP 地址为 192.168.10.200，DNS 为 192.168.10.2，计算机名为 win8PC；或者一台计算机安装多个虚拟机。

另外需要 Windows Server 2012 R2 安装光盘或其镜像、Windows 8 安装光盘或其镜像文件。

三、实训要求

在默认情况下，IIS 使用 HTTP 以明文形式传输数据，没有采取任何加密措施，用户的重要数据很容易被窃取，如何才能保护局域网中的重要数据呢？可以利用 CA 证书使用 SSL 增强 IIS 服务器的通信安全。

SSL 网站不同于一般的 Web 站点，它使用的是 HTTPS，而不是普通的 HTTP。因此它的 URL（统一资源定位器）格式为"https://网站域名"。

具体实现方法如下。

1. 在 WIN2012-2 网络中安装证书服务

安装独立根 CA，设置证书的有效期限为 5 年，指定证书数据库和证书数据库日志采用默认位置。

2. 在 WIN2012-2 中利用 IIS 创建 Web 站点

利用 IIS 创建一个 Web 站点。具体方法详见"项目 8 配置与管理 Web 服务器"的相关内容，在此不再赘述。注意创建 www.long.com（192.168.10.2）的主机记录。

3. 让浏览器计算机 Win8PC 信任 CA

4. 服务端（Web 站点）安装证书

（1）在网站上创建证书申请文件。

设置参数如下。

① 此网站使用的方法是"新建证书"，并且立即请求证书。

② 新证书的名称是 smile，加密密钥的位长是 512。

③ 单位信息：组织名 jn（济南）和部门名称×××（信息系）。

④ 站点的公用名称：www.long.com。

⑤ 证书的地理信息：中国，山东省，济南市。

（2）安装证书。

（3）绑定 https 通信协议。

5. 进行安全通信（即验证实验结果）

（1）利用普通的 HTTP 浏览，将会得到错误信息"该网页必须通过安全频道查看"。

（2）利用 HTTPS 浏览，系统将通过 IE 浏览器提示客户 Web 站点的安全证书问题，单击"确定"，可以浏览到站点。

 提示 客户端将向 Web 站点提供自己从 CA 申请的证书给 Web 站点，此后客户端（IE 浏览器）和 Web 站点之间的通信就被加密了。

综合实训一

一、实训场景

假如你是某公司的系统管理员，现在公司要做一台文件服务器。公司购买了一台某品牌的服务器，在这台服务器内插有三块硬盘。

公司有 3 个部门：销售、财务、技术。每个部门有 3 个员工，其中一名是部门经理，另两名是副经理。

二、实训要求

1. 在 3 块硬盘上共创建 3 个分区（盘符），并要求在创建分区时，使磁盘实现容错的功能。
2. 在服务器上创建相应的用户账号和组。

命名规范，例如，用户名为 sales-1，sales-2……；组名为 sale，tech……

要求用户账号只能从网络访问服务器，不能在服务器本地登录。

3. 在文件服务器上创建 3 个文件夹，分别存放各部门的文件，并要求只有本部门的用户才能访问其部门的文件夹（完全控制的权限），每个部门的经理和公司总经理可以访问所有文件夹（读取），另创建一个公共文件夹，使得所有用户都能在里面查看和存放公共的文件。

4. 每个部门的用户可以在服务器上存放最多 500MB 的文件。
5. 做好文件服务器的备份工作以及灾难恢复的备份工作。

三、实训前的准备

进行实训之前，完成以下任务。
1. 画出拓扑图。
2. 写出具体的实施方案。

四、实训后的总结

完成实训后，进行以下工作。
1. 完善拓扑图。
2. 修改方案。
3. 写出实训心得和体会。

综合实训二

一、实训场景

假定你是某公司的系统管理员，公司内有 500 台计算机，现在公司的网络要进行规划和实施，现有条件如下：公司已租借了一个公网的 IP 地址 100.100.100.10 和 ISP 提供的一个公网 DNS 服务器的 IP 地址 100.100.100.200。

二、实训要求

1. 搭建一台 NAT 服务器，使公司的 Intranet 能够通过租借的公网地址访问 Internet。

2. 搭建一台 VPN 服务器，使公司的移动员工可以从 Internet 访问内部网络资源（访问时间为 09:00—17:00）。

3. 在公司内部搭建一台 DHCP 服务器，使网络中的计算机可以自动获得 IP 地址访问 Internet。

4. 在内部网中搭建一台 Web 服务器，并通过 NAT 服务器将 Web 服务发布出去。

5. 公司内部用户访问此 Web 服务器时，使用 https，在内部搭建一台 DNS 服务器，使 DNS 能够解析此主机名称，并使内部用户能够通过此 DNS 服务器解析 Internet 主机名称。

6. 在 Web 服务器上搭建 FTP 服务器，使用户可以远程更新 Web 站点。

三、实训前的准备

进行实训之前，完成以下任务。

1. 画出拓扑图。

2. 写出具体的实施方案。

> **注意** 在拓扑图和方案中，要求公网和私网部分都要模拟实现。

四、实训后的总结

完成实训后，进行以下工作。

1. 完善拓扑图。

2. 修改方案。

3. 写出实训心得和体会。

参考文献

[1] 杨云. Windows Server 2012 网络操作系统项目教程（第 4 版）. 北京：人民邮电出版社，2016.

[2] 杨云. Windows Server 2008 组网技术与实训（第 3 版）.北京：人民邮电出版社，2015.

[3] 杨云. Windows Server 2012 活动目录企业应用（微课版）. 北京：人民邮电出版社，2018.

[4] 杨云. 网络服务器搭建、配置与管理—Windows Server（第 2 版）. 北京：清华大学出版社，2015.

[5] 黄君羡. Windows Server 2012 活动目录项目式教程. 北京：人民邮电出版社，2015.

[6] 戴有炜. Windows Server 2012 R2 Active Directory 配置指南. 北京：清华大学出版社，2014.

[7] 戴有炜. Windows Server 2012 R2 网络管理与架站. 北京：清华大学出版社，2014.

[8] 戴有炜. Windows Server 2012 R2 系统配置指南. 北京：清华大学出版社，2015.

[9] 微软公司. Windows Server 2008 活动目录服务的实现与管理. 北京：人民邮电出版社，2011.

[10] 韩立刚，韩立辉. 掌握 Windows Server 2008 活动目录. 北京：清华大学出版社，2010.